Ueber Brennstoff.

Ueber Gewinnung von Eisen und Stahl

durch direktes Verfahren.

Vorträge

von

Dr. C. William Siemens.

(Unter Mitwirkung des Verfassers veranstaltete Deutsche Ausgabe.)

Mit Abbildungen in Holzschnitt.

Springer-Verlag Berlin Heidelberg GmbH
1874

Additional material to this book can be downloaded from http://extras.springer.com

ISBN 978-3-642-98222-4   ISBN 978-3-642-99033-5 (eBook)
DOI 10.1007/978-3-642-99033-5

Das Aufsehen, welches die beiden Vorträge unseres Deutschen Landsmanns in England erregten, und das Interesse, welches sich für dieselben in Deutschland kundgab, veranlasste die Verlagshandlung Herrn Dr. C. William Siemens zu ersuchen, ihr bei der Herausgabe einer Deutschen Ausgabe behülflich zu sein. Der Herr Autor hat in nachfolgenden Bearbeitungen mit grösster Liberalität diesem Ersuchen entsprochen.

Berlin, N., Februar 1874.

Verlagsbuchhandlung von Julius Springer.

Monbijouplatz 3.

Ueber Brennstoff.

Vortrag, gehalten zu Bradford am 30. September 1873

vor der British Association

mit besonderer Berücksichtigung der arbeitenden Classen.

Als ich die Einladung des Vorstandes der „British Association" annahm, den arbeitenden Classen dieses grossen industriellen Districts einen Vortrag zu halten, war ich mir der Schwierigkeit dieser Aufgabe wohl bewusst. Denn nicht nur habe ich im Namen der Gesellschaft und in Gegenwart vieler ihrer ausgezeichnetsten Mitglieder zu sprechen und bin daher genöthigt, meinen Gegenstand wissenschaftlich zu behandeln, sondern ich darf auch nicht vergessen, dass der grösste Theil meiner Zuhörer, obgleich unzweifelhaft intelligent, doch der wissenschaftlichen Fachbildung ermangelt, welche sich fast ihre eigene Sprache gebildet hat.

Auch ist es keine Ermuthigung für mich, dass diejenigen Männer, die in letzteren Jahren sich einer ähnlichen Aufgabe unterzogen, es in bewunderungswürdiger Weise verstanden haben, durchaus wissenschaftliche Frage des formellen Gewandes, in welchem dieselben gewöhnlich erscheinen, zu entkleiden. Schon die Namen dieser Männer — Tyndall, Huxley, Miller, Lubbock und Spottiswoode — reichen hin, mir die Hoffnung zu nehmen, mich mit ihnen in dieser Hinsicht zu messen. Doch hoffe ich von ihrem Beispiel Nutzen zu ziehen und eingedenk zu bleiben, dass die Wahrheit immer einfach ist, und dass nur da, wo das Wissen unvollständig, wissenschaftliche Formeln an die Stelle gemeinverständlicher Darlegungen treten müssen.

Das Hauptthema meines Vortrags ist **Brennstoff**, ein Gegenstand, mit dem Jeder von uns seit seiner Kindheit sich vertraut gemacht hat; der aber dennoch selbst von denjenigen, die bei der Verwendung des Brennstoffs am meisten interessirt sind, noch wenig verstanden wird. Derselbe schliesst Erwägungen vom höchsten wissenschaftlichen wie auch praktischen Interesse in sich.

Ich beabsichtige mein Thema von fünf Gesichtspunkten aus zu behandeln:

1. Was ist Brennstoff?
2. Welches ist die Quelle des Brennstoffs?
3. Wie sollte Brennstoff verwandt werden?
4. Die Kohlenfrage der Gegenwart.
5. Worin besteht der Brennstoff der Sonne?

Was ist Brennstoff?

Vielleicht hat Mancher von Ihnen schon bei sich selbst gedacht, dass es nur Zeitverschwendung sei, sich über ein solches Thema auszulassen, da ein Jeder weiss, dass unser Brennmaterial in der Kohle besteht, die wir aus der Erde gewinnen, aus Lagern, mit welchen dieses Land besonders reichlich ausgestattet ist. Warum also unsre einfachen Begriffe mit wissenschaftlichen Definitionen verwirren, welche weder den Preis der Kohle herabsetzen, noch unserm häuslichen Vorrath längere Dauer gewähren können?

Dennoch muss ich Ihre Geduld ein wenig in Anspruch nehmen: denn wenn wir uns nicht erst über die wesentliche Beschaffenheit des Brennstoffs verständigen, so könnten wir später mit einander in Widerspruch gerathen, wenn wir den Ursprung und Gebrauch derselben erörtern. Der letztere jedenfalls ist vom höchsten praktischen Interesse und Ihrer aufmerksamsten Erwägung werth.

Brennstoff ist nach der gewöhnlichen Annahme eine Kohlenverbindung, welche sich im festen, flüssigen oder gasförmigen Zustande befinden kann und welche, indem sie sich mit Sauerstoff verbindet, das Phänomen der Wärme hervorbringt. Wenn wir z. B. Kohle auf dem Feuerherde verbrennen, verbindet sich der Sauerstoff der Atmosphäre mit dem festen Kohlenstoff der Kohle und bringt Kohlensäure hervor: ein Gas, das in die Atmosphäre übergeht, deren nothwendigen Bestandtheil es bildet, da ohne dasselbe das Wachsthum der Bäume und der Pflanzen unmöglich sein würde. Aber Verbrennung ist nicht nothwendigerweise immer von Flamme oder selbst von einer Entwickelung starker Hitze begleitet. Das Metall Magnesium brennt mit starker Entwickelung von Licht und Wärme, aber ohne Flamme, weil das Produkt der Verbrennung nicht ein Gas, sondern ein fester Körper, nämlich Magnesia ist. Ferner entzündet sich pulverförmiges metallisches Eisen an der Atmosphäre unter Entwickelung von Wärme und Licht, aber ohne Flamme, da das Resultat der Verbrennung festes Eisenoxyd oder Rost ist; wohingegen derselbe Stoff Eisen, wenn im soliden Zustand der Atmosphäre und namentlich einer feuchten Atmosphäre ausgesetzt, sich zwar nicht entzündet, wohl aber allmälig, wie vorhin in Metalloxyd oder Rost verwandelt.

Hier also haben wir Verbindung mit Sauerstoff ohne das Phänomen von Flamme oder Licht; aber bei sorgfältiger Untersuchung würden wir finden, dass nichtsdestoweniger Wärme erzeugt wird und dass das so hervorgebrachte Wärme-Quantum genau dem gleich kommt, welches man schneller erhält, indem man pulverisirtes Eisen der Einwirkung des Sauerstoffs aussetzt. Nur wird im letztern Falle die Wärme langsamer entwickelt und ebenso schnell vertheilt wie hervorgebracht, während im erstern die

Produktionsgeschwindigkeit die Vertheilungsgeschwindigkeit übersteigt und die Wärme sich bis zu dem Grade steigert, dass sie die Masse rothglühend macht. Es geht aus diesen Versuchen zur Genüge hervor, dass wir unsern Begriff erweitern und jede Substanz als Brennstoff bezeichnen müssen, **welche fähig ist sich unter Entwickelung von Wärme mit einer andern Substanz zu verbinden.**

Indem wir Brennstoff so allgemein definiren, könnte es auf den ersten Blick erscheinen, als ob wir auf unsrer Erde eine grosse Mannigfaltigkeit und einen unerschöpflichen Vorrath von Substanzen finden müssten, die diesem Begriff entsprechen; aber eine nähere Untersuchung wird bald herausstellen, dass dieser Vorrath verhältnissmässig sehr begrenzt ist.

Wenn wir unsre feste Erdrinde betrachten, so finden wir sie zum grössten Theil aus kieselartigem, kalkartigem und Magnesia-Gestein bestehen. Der Kiesel oder die Kieselsäure, welche aus dem Metall Silikon mit Sauerstoff verbunden besteht, ist nicht brennbar, sondern im Gegentheil ein Verbrennungsprodukt, welches schon vor Jahrtausenden seine, bei der Verbrennung entstandene Wärme abgegeben hat. Der Kalkstein ist kohlensaurer Kalk oder besteht aus der Verbindung zweier Substanzen: nämlich dem Calcium-Oxyd und der Kohlensäure, welche beide durchaus Produkte der Verbrennung sind: das eine des Metalls Calcium, das andre der Kohle. Die Magnesia, eine Verbindung von Sauerstoff mit metallischem Magnesium, bildet mit Kalk verbunden das Dolomitgestein, aus welchem die Alpen zum grössten Theil bestehen. Alle gemeinen Metalle, wie Eisen, Zink, Zinn, Aluminium, Natrium etc., finden wir in der Natur in einem oxydirten oder verbrannten Zustande. Die einzigen metallischen Substanzen, welche dem stark oxydirenden Prozess widerstanden, der zu einer Zeit bei der Bildung unsrer Erde vorgewaltet haben muss, sind die sogenannten edeln Metalle, Gold, Platina, Iridium und bis zu einem gewissen Grade auch Silber und Kupfer. Diese ausgenommen besteht die Kohle allein aus Stoffen, in unoxydirtem Zustande aus Kohlenstoff und Wasserstoff. Wie aber verhält es sich um das Wasser, das in so ausserordentlichen Massen vorhanden, unsre Flüsse, Seen und die Weltmeere selbst bildet? Dieses ist mitunter als eine grosse Wärmequelle bezeichnet worden, zu welcher wir dereinst unsre Zuflucht nehmen könnten, wenn unser Kohlenvorrath erschöpft sein wird. Erst vor wenigen Monaten konnte man bei Gelegenheit der Gründung einer Wassergas-Gesellschaft Ankündigungen dieser Art in unsern ersten Zeitungen lesen. Nichts aber ist trügerischer als diese Annahme. Wenn Wasserstoff brennt, so entwickelt sich unzweifelhaft viel Wärme, aber Wasser ist schon das Resultat dieser Verbrennung, und diese fand auf unsrer Erdkugel statt, ehe der Ozean gebildet wurde. Die Trennung dieser beiden Substanzen würde daher ganz genau dasselbe Wärme-Quantum erfordern, das ursprünglich in ihrer Verbrennung producirt wurde. Es ist somit klar, dass sowohl die festen wie flüssigen Bestandtheile unsrer Erde, mit Ausnahme der edeln Metalle, der Kohle und des Naphta's (letzteres ist nur als Nebenart der Kohle zu betrachten), Produkte der Verbrennung sind und daher nichts weniger als Brennstoff. Wir können unsre Erde als eine Aschenkugel betrachten, die als todte Masse unaufhörlich durch den Weltraum dahin rollt; doch glücklicherweise in Gesellschaft eines andern Weltkörpers — der Sonne, deren glänzende Strahlen die physikalische Ursache jeder Bewegung und jedes Lebens auf der Erde sind und selbst die Ursache alles Dessen, was Bewegung und Leben hervorzurufen im Stande ist. Dieser belebende Einfluss macht sich unsern Sinnen durch die Erscheinung der Wärme fühlbar. Was aber ist Wärme, so müssen wir fragen, dass sie von der Sonne zu uns gelangen und in den Niederlagen unsres Brennstoffs, sowohl unter wie auf der Oberfläche unsrer Erde aufgehoben werden kann?

Hätte man mir eine Frage dieser Art vor dreissig Jahren gestellt, so würde ihre Beantwortung mich in nicht geringe Verlegenheit versetzt haben. Ich würde aus physikalischen Werken ersehen haben, dass Wärme eine imponderabile Flüssigkeit sei, die einmal von der Sonne zu uns herüberflösse, andrerseits aber auch im Kohlenstoff enthalten sei; dass sie bei Verbrennung des letztern ausströme, um entweder zu verschwinden oder anderweitig zu verweilen. Doch hätte mich diese Erklärung nicht in den Stand gesetzt die beiden Begriffe der Verbrennung und der Wärmeentwickelung durch irgend ein verständliches Gesetz in der Natur zu vereinbaren, noch auch irgend einen Naturprozess anzugeben, wie Wärme, um einen damals gebräuchlichen, aber leeren Ausdruck anzuwenden, in der Kohle latent werden konnte.

Den Forschungen eines Mayer, Joule, Clausius und andrer neuern Physiker verdanken wir es, dass wir der Wärme ihre wahre Bedeutung geben können.

Die Wärme ist zufolge der dynamischen Wärmelehre nichts andres als Bewegung unter den kleinsten Theilen der erwärmten Substanz. Diese Bewegung kann, wenn einmal hervorgebracht, in ihrer Richtung und Natur verändert und kann in eine mechanische Wirkung verwandelt werden, die sich durch Fuss-Pfunde oder Pferdekraft ausdrücken lässt. Indem wir diese Bewegung unter den kleinsten Theilchen bis zu einem gewissen Grade verstärken, wird sie unserm Sehorgan durch Lichtausströmung erkennbar. Letztere nun ist wiederum nichts andres als eine vibrirende Bewegung, welche die leuchtende Substanz dem Medium mittheilt, das uns von diesem trennt. Dieser Theorie zufolge, welche eine der wichtigsten Errungenschaften in der Wissenschaft der Neuzeit bildet, sind Wärme, Licht, Elektricität und chemische Wirkung nur verschiedene Aeusserungen der Masse in Bewegung oder Kraft. Diese Aeusserungen der Kraft lassen sich zwar von der einen Form in die andre verwandeln, sind aber ebenso unzerstörbar wie die Masse selbst.

Kraft tritt in zwei Hauptformen auf: 1) als dynamische oder kinatische Kraftform, als Kraft, welche sich unsern Sinnen als Masse in Bewegung, als fühlbare Wärme oder als elektrischer Strom offenbart. 2) Als potentiale Kraft oder Kraft im schlummernden Zustande. Um diese beiden Formen der Kraft durch Beispiele zu erläutern, will ich ein Gewicht von Einem Pfund, mittels einer Schnur über eine Rolle gehend, Einen Fuss hoch aufheben. Indem ich dieses Gewicht aufhebe, muss ich kinatische Muskelkraft anwenden, um die Anziehungskraft der Erde auf das Gewicht zu überwinden. Das Pfund Gewicht repräsentirt, wenn es gehoben ist, ein Fuss-Pfund oder eine Einheit potentialer oder schlummernder Kraft. Diese schlummernde Kraft kann wieder in kinatische oder Arbeitskraft umgesetzt werden, indem man das Gewicht an der Schnur fallen lässt und somit die Rolle in Bewegung setzt. Dies giebt die Einheit der Arbeit. Wird also ein Pfund Kohle einen Fuss emporgehoben, so repräsentirt sie insofern ein Einheits-Maass der Kraft. Dasselbe Pfund Kohle aber, insofern es vom Sauerstoff getrennt worden ist, zu dem es unter Umständen eine grosse Anziehungskraft besitzt, repräsentirt nichts weniger als 11,000,000 Fuss-Pfund oder Einheits-Quantitäten der Kraft. Diese Kraft wird entwickelt, wenn das Hinderniss an ihrer Verbindung, nämlich unzureichende Temperatur, gehoben ist. Mit andern Worten: die mechanische Kraft, die in der Verbrennung eines Pfundes reinen Kohlenstoffs frei wird, ist dieselbe, die wir

brauchen, um 11,000,000*) Pfund Gewicht einen Fuss auf-
zuheben, oder wodurch eine Leistung der sogenannten Pferdekraft während 5 Stunden 33 Minuten unterhalten würde.
Wir haben somit die äusserste Grenze der Arbeit festgestellt, die wir jemals durch die Verbrennung eines Pfundes
Kohlenstoff zu erreichen hoffen können, und wir werden
gleich sehen, wie weit wir noch von dieser Grenze der Vollkommenheit in unsrer praktischen Ausübung entfernt sind.

Die folgenden Beispiele sollen dazu dienen experimental
nachzuweisen, wie die eine Form der Kraft in die andre
zu verwandeln ist. Wenn ich einen Hammer schnell und
ununterbrochen auf ein Stück Eisen fallen lasse, so wird
es heiss werden. Oder wenn ich z. B. eine Minute lang mit
aller Kraft und Anstrengung auf einen Nagel hämmere, so
kann er selbst bis zur Rothglühhitze erwärmt werden. In
diesem Fall wird die durch den Arm entwickelte mechanische Kraft (in Folge der Verbrennung der Muskelfaser)
in Wärme verwandelt. Ferner: durch das rasche Zusammen-
pressen der Luft in einem Compressions-Cylinder erfolgt
die Entzündung eines Stückes Zunder. Ferner: ein elektrischer Strom durch einen Platindraht geleitet, wird augen-
blicklich in Wärme verwandelt, welche sich durch Glühen
des Drahtes kund giebt, während die Thermo-Säule ein
Beispiel von der Verwandlung der Wärme in elektrischen
Strom liefert. Noch manche Beispiele ähnlicher Art könnten
diesen angereiht werden.

Wenn aber die aus der Verbrennung entstehende
Wärme das Resultat der chemischen Verbindung zweier

---

*) Wenn man 1 Pfd. Kohle in Gegenwart von freiem Sauerstoff ver-
brennt, wird Kohlensäure erzeugt und 8055 Wärmeeinheiten werden frei.
Die Wärmeeinheit bedeutet 1 Pfd. Wasser um 1 Grad Celsius erwärmt.
Jede Wärmeeinheit lässt sich nach Mayer's Theorie und Joule's experi-
mentalen Untersuchungen durch 430 Krafteinheiten ausdrücken. Demnach
repräsentirt 1 Pfd. Kohle $8055 \times 430 = 3,463,650$ Einheiten potentialer Kraft.

Substanzen ist, folgt daraus nicht, dass Sauerstoff ebenso
gut ein brennbarer Stoff ist, wie die kohlenhaltige Substanz,
die wir Brennstoff nennen? Dies ist unzweifelhaft der Fall.
Wäre unsere Atmosphäre aus einem kohlenstoffhaltigen
Gase zusammengesetzt, so müssten wir unsern Sauerstoff
durch Röhren leiten und ihn durch Brenner senden, um uns
mit Licht und Wärme zu versehen, wie uns das Experi-
ment zeigen wird, bei welchem ich einen Strahl Sauerstoff
in einer durchsichtigen, mit gewöhnlichem Leuchtgase an-
gefüllten Kugel verbrenne. Aber unter diesen umgekehrten
Bedingungen könnten wir nicht existiren und dürfen daher
Sauerstoff und ähnliche Substanzen, wie z. B. Chlorgas von
der Liste der Brennstoffe ausscheiden.

Wir kommen nun zum zweiten Theil unserer Untersuchung:

Welches ist die Quelle des Brennstoffs?

Die Sonnenstrahlen stellen Kraft dar in der Form von
Wärme und Licht, welche unsrer Erde mitgetheilt werden
durch das klare Medium, welches nothwendig den Zwischen-
raum zwischen uns und der grossen Leuchtkugel ausfüllen
muss. Wenn diese Strahlen auf die wachsenden Pflanzen
fallen, so entzieht ihre Einwirkung sich der direkten Con-
trole unsrer Sinne; das Laub wird nicht erhitzt, wie es der
Fall sein würde, wenn es aus Eisen oder trockenem Holz
bestände, dagegen erkennen wir, dass eine chemische Umwandlung darin vor sich geht. Die Kohlensäure nämlich,
welche durch das Laub des Baumes der Atmosphäre entzogen worden, wird dort zersetzt oder in seine Elemente:
Kohle und Sauerstoff zerlegt, indem der Sauerstoff in die
Atmosphäre zurückkehrt und die Kohle zurückbleibt, um
den festen Bestandtheil des Baumes zu bilden.

Die Sonne theilt so dem Baum 11 Millionen Wärmeeinheiten mit, um ein Pfund Kohle in Gestalt der Holz-
faser zu bilden und diese 11 Millionen Wärmeinheiten
werden einfach wieder erweckt, wenn das Holz verbrannt
oder wieder mit Sauerstoff verbunden wird, um Kohlensäure zu bilden.

Brennstoff entspringt demnach aus der Einwirkung
der Sonne auf die Oberfläche unsrer Erde.

Aber wie verhält es sich mit den Vorräthen minerali-
schen Brennstoffs, nämlich der Kohle, welche wir im
Innern der Erde finden? Wie kam es, dass sie dem allgemeinen Verbrennungsprozess entgingen, welcher, wie wir
bereits sehen, alle andern elementaren Substanzen verzehrte?
Die Antwort ist sehr einfach. Diese Niederlagen von
mineralischem Brennstoff sind die Ueberbleibsel von Ur-
wäldern, welche in der jetzigen Weise durch die Sonnenstrahlen gebildet und bei den zahlreichen Revolutionen und
Ueberschwemmungen der Erdoberfläche mit erdigen Be-
standtheilen bedeckt worden sind, die der ersten Consoli-
dirung derselben gefolgt sein müssen. So kann man die
Niederlagen von Kohlen als eine Ansammlung schlummernder Kraft betrachten, welche in frühern Zeitaltern direkt
von der Sonne ausging oder wie Georg Stephenson mit
einem der Wissenschaft seiner Zeit voraneilenden Scharf-
sinn antwortete, als er gefragt wurde, was die schliessliche
Ursache der Bewegung der Locomotive sei, „dass sie vor-
wärts ginge vermöge der auf Flaschen gezogenen Strahlen
der Sonne".

Aus diesen Betrachtungen folgt, dass der Betrag der
schlummernden Kraft, welche für unsere Zwecke verwendbar ist, sich auf unsre Niederlagen von Kohlen beschränkt,
welche, wie sich dies aus den erschöpfenden, unlängst von
der Kgl. Kohlencommission angestellten Untersuchungen
ergibt, freilich noch sehr gross, aber in keiner Weise un-

erschöpflich sind, wenn wir berücksichtigen, dass unsere Anforderungen immer noch im Steigen sind, und dass die Erlangung von Kohlen von Jahr zu Jahr schwieriger werden wird, je grösser die Tiefe wird, in die wir hinabsteigen müssen. Zu diesen Vorräthen müssen auch Braunkohle und Torf gerechnet werden, welche obgleich keine Kohlen, dennoch das Product der Sonnenkraft sind und einer Periode der Erdbildung entstammen, welche der Bildung der Kohlenlager folgte, aber unsrer eignen Zeit voranging. Diese Art des Brennstoffs ist ebenso wirksam zu machen, wie Kohle, wenn sie richtig behandelt wird.

Indem ich die Nothwendigkeit, unsre Kohlenvorräthe sparsamer auszunützen, erörtre, muss ich des mir mitunter gemachten Einwands gedenken, dass wir nicht ängstlich zu sein brauchen, unsern Nachkommen Kohlen zu hinterlassen, dass der menschliche Geist nach Erschöpfung der Kohlen sicher eine andre Kraftquelle entdecken und dass solch eine Quelle wahrscheinlich in der Elektricität gefunden werden wird. Ich hörte solche Vermuthung vor einigen Wochen in einer internationalen Jury in Wien öffentlich aufstellen und konnte mich damals nicht enthalten auf die Thatsache aufmerksam zu machen, dass Elektricität nur eine andre Form der allgemeinen Kraft oder Energie ist, welche ebensowenig von Menschen erzeugt werden könnte, wie Wärme, und welche eben denselben Rückgriff auf unsre angesammelten Vorräthe benöthigen würde.

Wenn unsre Kohlenvorräthe stärker abnähmen, würden wir ohne Zweifel zu der Kraft unsre Zuflucht nehmen, welche von der Sonne von Jahr zu Jahr und von Tag zu Tag ausstrahlt; und es liegt darin für uns die Veranlassung gewissermassen zu ermitteln, welche Ausdehnung diese Kraft hat und worin unsre Mittel, sie zu sammeln und anzuwenden, bestehen. Wir haben dann zunächst die Ansammlung der Sonnenkraft auf unsrer Erdoberfläche, welche in der

Verwandlung der Kohlensäure in Pflanzen besteht, eine Quelle, welche, wie wir aus Erfahrung wissen, für die menschlichen Bedürfnisse in schwach bevölkerten, industriell wenig entwickelten Ländern ausreicht. Wo jedoch die Bevölkerung anwächst, da genügt das Holz der Wälder nicht länger für die häuslichen Bedürfnisse und mineralischer Brennstoff muss dorthin mitunter aus grossen Entfernungen heran gebracht werden.

Die Sonnenstrahlen bringen jedoch ausser der Vegetation noch andere Wirkungen hervor und unter diesen ist diejenige der Verdunstung die bedeutendste als Quelle verwendbarer Kraft. Durch die Sonnenstrahlen wird unsrer Erde ein Betrag von Hitze mitgetheilt, welche jährlich eine Wasserschicht von 14 Fuss Tiefe zum Verdunsten bringen würde. Eine ansehnliche Menge dieser Wärme wirkt fortwährend auf das Seewasser und verwandelt dasselbe in Dampf oder Dunst, welche sodann auf die gesammte Oberfläche des Landes wie der See in der Gestalt von Regen wieder niederfallen. Der Theil, welcher auf das höhere Land niederfällt, fliesst zur See in Gestalt von Flüssen zurück und sein Gewicht kann beim Herabfall nutzbar gemacht werden, um Maschinen zu treiben. Wasserkraft ist demnach gleichfalls das Produkt der Sonnenkraft und ein hochgelegner See kann als potentirte Kraft analog dem Brennstoff angesehen werden, indem er ein Gewicht bildet, welches durch seine vorhergegangene Verwandlung in Dampf über den Seespiegel gehoben ist. Diese Quelle der Kraft ist gleichfalls stark in Anspruch genommen und könnte in noch grösserem Masse nutzbar gemacht werden in bergigen Landstrichen, aber die Natur der Sache bringt es so mit sich, dass die grossen Mittelpunkte der Industrie in Ebenen liegen, wo die Transportmittel leicht sind und der ganze Belauf der verwendbaren Wasserkraft ist deshalb in solchen Districten sehr beschränkt.

Ein anderes Product der Sonnenkraft sind die Winde, welche man nutzbar gemacht hat zur Erzeugung von Kraft; diese Kraftquelle ist freilich sehr bedeutend im Ganzen, aber ihre Anwendung ist verbunden mit sehr grossen Uebelständen. Schon das Sprichwort sagt, dass Nichts ungewisser ist als der Wind und wenn wir wie vormals abhängig wären von Windmühlen zur Erzeugung von Mehl, so würde es oft vorkommen, dass ganze Landstriche diesen nothwendigen Bestandtheil unseres täglichen Lebens entbehren müssten. Auch Segelschiffe, welche sich auf den Wind verlassen zum Zwecke ihrer Bewegung durch die See, müssen oft wochenlang still liegen und machen so allmälig der Dampfkraft Platz wegen deren grösserer Sicherheit. Man hat in den letzten Jahren vorgeschlagen die Sonnenwärme nutzbar zu machen, indem man ihre Strahlen sammelt in einen Focus mittelst gigantischer Linsen und in diesem Focus Dampfkessel errichtet. Dies würde eine sehr direkte Nutzbarmachung der Sonnenthätigkeit sein, aber es ist dies ein Plan, welcher schwerlich in einem Lande wie England zu empfehlen wäre, wo die Sonne nur selten zu sehen ist und welcher selbst in einem Lande wie Spanien schwerlich zu nutzbaren und praktischen Erfolgen führen würde.

Es gibt eine natürliche Quelle der Kraft, welche für unsre Zwecke verwendbar ist; dieselbe hängt mehr mit der Planetenbewegung als mit der Sonne zusammen, nämlich die Wellen der Ebbe und Flut. Dieselben könnten gleichfalls in grossem Masse nutzbar gemacht werden, zumal auf einer Insel dem Atlantischen Meere gegenüber wie England; aber eine ausgedehnte Benutzung derselben ist mit grossen praktischen Schwierigkeiten und Kosten verbunden, wegen der enormen Ausdehnung der Flut-Bassins, welche man errichten müsste.

Wenn wir diese verschiedenen Quellen der Kraft, die wir nutzbar machen könnten, überschauen, nachdem wir zuvor unser angehäuftes Kapital von schlummernder Kraft in Gestalt der Kohle uns vergegenwärtigt haben, so kann es uns nicht entgehen, dass keine jener Quellen die Stelle unseres willigen und immer bereiten Sklaven, der Dampfmaschine, ersetzen kann; noch auch würden jene Quellen für die Zwecke der Fortbewegung anwendbar sein, obgleich vielleicht Mittel erfunden werden könnten, dieselben anzuhäufen und die schlummernde Kraft in andere Formen überzuleiten.

Aber es ist nicht Kraft allein, sondern Wärme, deren wir bedürfen, um unser Eisen und die anderen Metalle zu schmelzen und sonstige chemische Prozesse auszuführen, Auch brauchen wir einen grossen Vorrath für unsere häuslichen Zwecke. Freilich könnten wir mit einem hinreichenden Vorrath von mechanischer Kraft Wärme hervorbringen und so thatsächlich alle unsere Zwecke des Schmelzens, Kochens und Erhitzens erreichen, ohne die Anwendung eines verbrennbaren Stoffes; aber solche Verwandlung würde mit so manchen Schwierigkeiten und Kosten verbunden sein, dass man sich kein Bild machen kann von menschlichem Wohlergehen unter so mühseligen und künstlichen Bedingungen.

Wir kommen nun zu der Frage:

Wie sollte Brennstoff verwandt werden?

Ich beabsichtige dies durch drei Beispiele zu erläutern, welche für die drei grossen Zweige der Verwendung massgebend sind:

a) Die Erzeugung von Dampfkraft.
b) Der häusliche Herd.
c) Der Schmelzofen.

Verbrauch bei Dampfmaschinen. Ich habe hier an der Tafel zwei Dampfcylinder von gleicher Grösse im

Durchschnitt dargestellt. Der eine davon ist ein sogenannter Hochdruckdampfcylinder, versehen mit den gewöhnlichen Ventilen zum Zulassen und späteren Ablassen des Dampfes in die Atmosphäre. Der andere ist dazu eingerichtet den Dampf expansiv zu benutzen und arbeitet in Verbindung mit einem Condensator. Ich habe hier sodann zwei Diagramme des Dampfdrucks eines Kolbenhubes beider Maschinen gezeichnet, indem ich in beiden Fällen den gleichen ursprünglichen Dampfdruck von 60 Pfd. per Quadratzoll über den atmosphärischen Druck und dasselbe durch die Maschine zu hebende Gewicht voraussetze. Sie zeigen, dass in letzterem Fall derselbe Arbeitsbetrag erzielt wird, wenn man den Cylinder bis zu nur circa $\frac{1}{3}$ seiner Länge anfüllt. Hier haben wir also eine verständliche und praktische Art, um $\frac{2}{3}$ des beim Betrieb einer gewöhnlichen Hochdruckmaschine erforderlichen Dampfes zu sparen; trotz alledem finden wir, dass die grössere Anzahl der gegenwärtig in Gebrauch befindlichen Dampfmaschinen von jener verhältnissmässig verschwenderischen Einrichtung ist. Auch werden die Lehren der Theorie in diesem Fall — wie in jedem Fall, wenn richtig angewandt — durch die Praxis vollständig bestätigt; eine gewöhnliche nicht expansive und nicht condensirende Maschine erfordert gewöhnlich einen Verbrauch von 8 bis 10 Pfd. Kohle per Pferdekraft und Stunde, während eine gute expansive und condensirende Maschine denselben Arbeitsbetrag mit nur 2 Pfd. Kohle per Stunde liefert; und zwar besteht die Ursache dieser noch grössern Ersparung darin, dass der Cylinder einer guten Maschine in der Regel gegen Wärmeverluste geschützt ist durch einen Dampfmantel und äussere Umhüllung mit Filz oder anderen schlechten Wärmeleitern und dass dabei gewöhnlich mehr Sorgfalt auf den Kessel und diejenigen Theile der Maschine verwandt ist, die ihre gute Arbeitsleistung bedingen.

Ein schlagender Beweis für das, was in einem kurzen Zeitraum erreicht werden kann, wurde in neuester Zeit in der Gesellschaft der Mechanischen Ingenieure, deren Präsident zu sein ich die Ehre habe, geliefert. Als dieselbe im Jahre 1863 in Liverpool ihre Generalversammlung hielt, stellte sie eine genaue Untersuchung des Kohlenverbrauches bei den besten Maschinen der Atlantischen Dampfschiffslinien an, welche ergab, dass der Verbrauch in keinem Falle geringer war, als $4\frac{1}{2}$ Pfd. per indicirte Pferdekraft und Stunde. Im vorigen Jahre versammelten sie sich wieder zu demselben Zweck in Liverpool und Mr. Bramwell lieferte den Beweis, dass der Durchschnittsverbrauch von 17 Doppelcylinder-Expansions-Marinemaschinen $2\frac{1}{2}$ Pfd. Kohle per indicirte Pferdekraft und Stunde nicht überschritt. Mr. E. A. Cowper hat sogar einen Verbrauch von weniger als $1\frac{1}{2}$ Pfd. per indicirte Pferdekraft nachgewiesen, indem er einen Ueberhitzungsapparat zwischen den beiden Cylindern einschaltete. Doch werden wir nicht lange bei diesem Grade der fortschreitenden Vervollkommnung stehen bleiben, da ich schon in dem ersten Theil meines Vortrags nachwies, dass die theoretische Vollkommenheit erst dann als erzielt gelten kann, wenn eine indicirte Pferdekraft mit 0,18 Pfd. reiner Kohle hergestellt werden würde, oder mit etwa $\frac{1}{4}$ Pfd. gewöhnlicher Steinkohle (steam-coal) in der Stunde.

Hier haben wir also zwei bestimmte Grenzen für unser Streben, die eine bis ·zu der Grenze von ungefähr zwei Pfund Kohle per Pferdekraft uud Stunde, welche Grenze in einigen Fällen erreicht ist und in den meisten erreicht werden kann, und die andere bis zu der theoretischen Grenze von $\frac{1}{4}$ Pfund per Pferdekraft und Stunde, welche niemals unbedingt erreicht werden kann, aber welcher wir uns mit Hülfe des Erfindungsgeistes mehr und mehr nähern können.

Hausverbrauch. Die Verschwendung bei dem häuslichen Heerd- und Küchenfeuer ist allbekannt. Es wird hierbei allein die von dem Feuer selbst ausstrahlende Hitze nutzbar gemacht, und die Verbrennung ist in der Regel sehr unvollkommen, weil die eiserne Rückseite und das starke Zuströmen der kalten Luft die Verbrennung hemmt, ehe sie noch halb vollendet ist. Wir wissen, dass wir ein Zimmer viel sparsamer heizen können mittelst eines deutschen Ofens, aber gegen diesen wenden wir ein, dass er einen ungemüthlichen Eindruck macht, weil wir das Feuer nicht sehen und seine wärmende Einwirkung auf unsre feuchte Kleidung nicht empfinden; überdies genügt er nicht in hinreichendem Grade den Anforderungen der Ventilation und macht die Luft beengt. Das sind, meiner Meinung nach, sehr schwerwiegende Einwände und selbst Ersparung wäre nicht wünschenswerth, wenn sie nur auf Kosten der Gesundheit und des Comforts zu erzielen wäre. Jedoch gibt es wenigstens eine Rosteinrichtung, die einen höhern Grad von Comfort mit zweckmässiger Sparsamkeit verbindet und die, obwohl einfach, doch noch sehr wenig angewandt wird. Ich meine hiermit Capitain Galton's „Ventilir-Ofen" (ventilating fireplace), von welchem Sie eine Abbildung an der Wand sehen und den man als eine Verbesserung der Arnot'schen Feueranlagen betrachten kann. Dieser Kamin unterscheidet sich, dem äussern Anschein nach, kaum von einem gewöhnlichen Rost, nur dass er eine höhere Chamotte-Bekleidung hat, welche ungefähr in der Mitte durchbohrt ist, um dem Feuer erwärmte Luft zuzuführen und so einen grossen Theil des Rauchs zu verbrennen, der gewöhnlich unverbrannt im Schornsteine aufsteigt und nur dazu dient, die Luft, welche wir einathmen, zu vergiften.

Die Neuheit und das Verdienst der Feuerungseinrichtung des Capitain Galton besteht jedoch hauptsächlich darin, dass hinter dem Roste ein Raum vorhanden ist, in welchen die Luft direkt von Aussen hereintritt, dort mässig erwärmt wird (bis zu 30° Celsius) und, aufsteigend in einem besonderen Canal, unter der Decke dem Zimmer zugeführt wird und zwar mit einer der erhitzten aufsteigenden Luft äquivalenten Kraft. Eine vollständige Füllung wird somit innerhalb des Zimmers hergestellt, wobei Einströmungen durch Thür und Fenster vermieden werden und die Luft beständig durch das Ausströmen durch den Heerdschornstein wie gewöhnlich erneuert wird. Auf diese Weise wird die Annehmlichkeit des offenen Feuers, der Comfort eines mit frischer aber mässig erwärmter Luft gefüllten Zimmers und bedeutende Ersparniss an Brennmaterial glücklich verbunden. Demungeachtet wird diese Feuerungseinrichtung nur wenig angewandt, obgleich sie in einer von Capitain Galton veröffentlichten Abhandlung und in einem ausführlichen, auch in englischer Uebersetzung erschienenen, Bericht des General Morin, Direktor des Conservatoriums der Künste und Gewerke zu Paris ausführlich beschrieben ist.

Die Langsamkeit, mit welcher dieser unzweifelhafte Fortschritt praktische Anwendung findet, beruht nach meiner Ansicht auf zwei Umständen: der eine besteht darin, dass Capitain Galton seine Erfindung nicht patentiren liess, denn so hat Niemand ein Interesse daran, ihre Einführung durchzusetzen. Der andere dagegen besteht darin, dass man bei uns Häuser meistens nur zum Verkauf baut, nicht aber um selbst darin zu wohnen. Ein Baumeister hält es für eine gute Speculation, einige Dutzend Häuser nach einem billigen Anschlag zu errichten, um dieselben, wenn möglich, vor deren Vollendung weiter zuverkaufen, und der Käufer preist sie alsdann an mit der ständigen Reclame: „Preiswürdige Wohnungen zu vermiethen" („Desirable Residences to be let"). Man glaubt natürlich, wenn man ein solches Haus gemiethet, dass man es nur nach seinem Geschmack einzurichten habe, um nach dem ersten Augenblick des Ein-

ziehens im Genuss alles denkbaren Comforts zu sein. Diese
eitle Hoffnung verwandelt sich jedoch bald in grausame
Enttäuschung. Den ersten Abend, wenn das Gas angelassen
wird, findet man, dass es anstatt aus den Brennern, lieber
an den Röhrenverbindungen direkt in die Zimmer strömt;
ebenso nimmt das Wasser seinen Lauf durch die Decke,
wodurch ein Theil derselben auf den neuen Teppich fällt.
Aber das Schlimmste von Allem ist, dass die Produkte der
Verbrennung aus den Rosten, welche in aller Wahrschein-
lichkeit angefertigt sind, ohne den Dimensionen des Zimmers
oder der Weite des Schornsteins Rechnung zu tragen, es
hartnäckig versagen sich der Camincanäle zu bedienen,
sondern es vielmehr vorziehen, sich als Rauchwolken im
Zimmer zu verbreiten. Nun werden Klempner und Camin-
doctoren requirirt, welche die Fussböden aufreissen, Teppiche
beschmutzen und nichts weniger als schön aussehende Schorn-
steinröhren und Kappen aufsetzen; die Roste selbst müssen
wiederholt geändert werden, bis ganz allmälig das Haus
einigermassen bewohnbar wird, wobei man denn nun vollständig die unzähligen Uebelstände der ursprünglichen Einrichtung erkennt. Nichts destoweniger war das Haus ein
ganz. vortreffliches zum Verkauf und der Baumeister wendet
denselben Riss bei Errichtung einer Reihe von Häusern in
einer Nachbarstrasse an. Warum sollte dieser Baumeister
Capitain Galton's Feuerungseinrichtung anwenden? Freilich
würde sie ihn nicht viel kosten und würde dem Bewohner
bei seinen jährlichen Ausgaben für Kohlen viel Geld er-
sparen, ganz abgesehen von dem, ihm und seiner Familie
daraus erwachsenden Comfort. Aber Niemand verlangt sie
von ihm; es würde Mühe machen die Details zu arrangiren
und einige Untercontracte abzuändern, welche vielleicht zur
Zeit bereits abgeschlossen worden und so beschränkt er sich
darauf Häuser in dem gewöhnlichen Schlendrian zu bauen
und zu verkaufen. Und diese Lage der Dinge wird nicht

geändert werden bis die Bewohner der Häuser die Sache in die Hand nehmen und es entschieden verweigern, sich der Bequemlichkeit der Baumeister zu fügen oder, was noch besser ist, wenn sie Baumeister bestellen, die Willens sind die Häuser nach der Bequemlichkeit der Bewohner zu bauen. Dies geschieht bereits in geringem Maasse durch die Baugesellschaften, aber es ist in diesem Geschäftszweig noch zu viel von dem alten Sauerteig und zu wenig Verständniss für die Frage selbst.

Verbrauch zu Schmelzzwecken. Wir kommen nun zu der dritten Art des Verbrauchs in Schmelz- und metallurgischen Oefen, welche von der ganzen Kohlenproduktion von 120 Millionen Tons ungefähr den dritten Theil beanspruchen. Hier ist daher alle Veranlassung zu Verbesserungen. Die Masse von Brennstoff, welche gegenwärtig verbraucht wird, um eine Tonne Eisen bis zur Schweisshitze zu bringen oder eine Tonne Stahl zu schmelzen, entfernt sich viel weiter von der theoretisch für diese Zwecke erforderlichen Menge als dies bei der Herstellung von Dampfkraft und beim häuslichen Verbrauch der Fall ist. Nimmt man die mittlere specifische Wärme des Eisens*) als 0,12 und die Schweisshitze als 1600° Cent. an, so würden $0,12 \times 1600 = 192$ Wärmeeinheiten erforderlich werden, um ein Pfund Eisen bis zu diesem Punkte zu erhitzen. Ein Pfund reine Kohle entwickelt 8050 Wärmeeinheiten, ein Pfund gewöhnliche Kohle etwa 6500, demnach sollte eine Tonne Kohle circa 34 Tonnen Eisen zur Schweisshitze bringen. In einem gewöhnlichen

---

*) Nach Schintz wächst die specifische Wärme des Eisens im arithmetischen Verhältniss mit der Temperatur im Maasse von ca. 4% pro 100°. Zufolge der dynamischen Wärmelehre sollte die specifische Wärme eines Körpers jedoch constànt bleiben bis zu der Grenze hin, wo eine Aenderung im Agregatzustande oder der chemischen Beschaffenheit des Körpers eintritt, was schon bei verhältnissmässig niedriger Temperatur stattfindet. Dann aber gehört der Zuwachs der latenten Wärme, an welche allerdings noch wenig entwickelt, hier aber absichtlich ziemlich hoch angenommen ist.

Glühofen erhitzt eine Tonne Kohlen nur $1^2/_3$ Tonne Eisen und producirt daher nur $^1/_{20}$ Theil des theoretischen Maximal-Effekts. Wenn man eine Tonne Stahl in Tiegeln schmilzt, werden 3 Tonnen Cokes verbraucht und wenn man den Schmelzpunkt des Stahls auf 2000° Celsius und die latente Wärme desselben gleich 1000° Erhitzung setzt, so werden $0,12 \times 3000 = 360$ Wärmeeinheiten erforderlich sein, um ein Pfund Stahl zu schmelzen, und wenn man die wärmeerzeugende Kraft des gewöhnlichen Cokes auch zu 6500 Einheiten annimmt, so müsste eine Tonne Cokes hinreichen, um $\frac{6500}{360} = 18$ Tonnen Stahl zu schmelzen: der Sheffielder Tiegel - Stahl - Schmelzofen macht daher nur $\frac{1}{3 \cdot 18} = \frac{1}{54}$ Theil der bei der Verbrennung erzeugten Hitze nutzbar. Hier ist daher ein sehr weiter Spielraum für Verbesserungen. Seit dem Jahre 1846 oder kurz nach dem ersten Bekanntwerden der Dynamischen Theorie habe ich mich bestrebt, einige der ökonomischen Resultate, welche diese Theorie möglich machte, annähernd zu erreichen, indem ich dabei den Regenerator als das Hülfsmittel betrachtete, welcher freilich nicht im Stande ist Wärme zu reproduciren, nachdem solche einmal wirklich verbraucht, jedoch ausserordentlich nützlich ist, um zeitweilig solche Wärme aufzuspeichern, welche nicht unmittelbar nutzbar gemacht werden kann.

Ohne Sie mit einem Bericht über den allmähligen Fortschritt dieser Erfindungen zu belästigen, an welchen mein Bruder Friedrich einen bedeutenden Antheil genommen hat, will ich Ihnen kurz den Ofen beschreiben, welchen ich jetzt zum Stahlschmelzen, sowie auch zur Herstellung des Gussstahls aus Rohprodukten, anwende*). Er besteht aus einer

---

*) Dieser Ofen ist in dem folgenden Vortrage bildlich dargestellt und weiter beschrieben.

Sohle von sehr widerstandsfähigem Material, wie z. B. reiner Quarzsand und Dinasziegel, unter welcher vier Regeneratoren (oder Kammern gefüllt mit schachbrettartig aufgebauten Ziegelsteinen) so eingerichtet sind, dass ein Strom von verbrennlichem Gas durch einen von diesen Regeneratoren aufsteigt, während ein Luftstrom durch den angrenzenden Regenerator geht, um sich beim Eintritt in die Ofenkammer zu vereinigen. Die Produkte der Verbrennung, anstatt direkt in den Schornstein zu gelangen, wie bei den gewöhnlichen Oefen, werden abwärts geleitet durch die beiden andern Regeneratoren auf ihrem Wege zum Schornstein, wo sie ihre Hitze den schachbrettartig aufgebauten Ziegelsteinen derartig mittheilen, dass der höchste Hitzggrad in den obern Lagen erzielt wird und dass die gasigen Produkte den Schornstein verhältnissmässig abgekühlt erreichen (bei ungefähr 170° Celsius). Nachdem so eine halbe Stunde auf diese Weise gearbeitet worden, werden die Ströme mittelst angemessener Klappen reversirt und die kalte Luft und das verbrennliche Gas treten nun in die Ofenkammer, nachdem sie die Hitze von den Regeneratoren in der umgekehrten Ordnung aufgenommen haben, in welcher sie an dieselben abgegeben war und erreichen daher so den Ofen fast mit derselben Temperatur, mit welcher die Verbrennungsprodukte denselben verlassen. Eine grosse Erhöhung der Temperatur innerhalb des Ofens wird so erzielt, indem das eine Paar Regeneratoren erhitzt, während das andre Paar abgekühlt wird; es ist begreiflich, dass auf diese Weise die Hitze in der Ofenkammer bis zu einem scheinbar unbegrenzten Grade gesteigert werden kann. Praktisch wird diese Grenze erreicht an dem Punkte, wo die Materialien, aus denen die Ofenkammer besteht, zu schmelzen beginnen. Ausserdem besteht zugleich eine theoretische Grenze in dem Umstande, dass die Verbrennung aufhört bei einer Temperatur, welche Herr Clair Deville auf 2500° Celsius ermittelt hat und welche von ihm als der Punkt der Dissociation bezeichnet ist. Bei dieser Temperatur kann Wasserstoff mit Sauerstoff gemischt werden und doch würden beide Stoffe sich nur theilweise verbinden, welches darthut, dass die Verbrennung in der That nur Platz greift innerhalb der Temperaturgrenzen von ungefähr 320 und 2500° Celsius.

Kehren wir indess zum Gasofen zurück. Es ist klar, dass eine Ersparniss eintreten muss, wenn innerhalb der gewöhnlichen Grenzen jeder Hitzegrad erzielt werden kann, während die Verbrennungsprodukte bei einer Temperatur von nur 150° in den Schornstein entweichen. Praktisch wird eine Tonne Stahl geschmolzen mit 20 Centner kleinen Kohlen, welche in dem Gaserzeuger verbraucht werden. Letzterer kann in jeder mässigen Entfernung von dem Ofen aufgestellt werden und besteht aus einer Ziegelkammer, welche mehrere Tonnen Feuerung in einem Zustande langsamer Zersetzung enthält. In grossen Werken wird eine grosse Anzahl dieser Gaserzeuger durch Röhren oder Canäle mit einer Anzahl von Oefen verbunden. Nebensächliche Vortheile bei diesem Erhitzungssysteme sind, dass kein Rauch erzeugt wird und dass die Fabriken nicht mit festen Feuerungsbestandtheilen und Asche belästigt werden.*)

Einer meiner Lieblingspläne, zu dessen praktischer Ausführung ich noch nicht gelangt bin, besteht darin, diese Gaserzeuger auf dem Grunde der Kohlengruben zu errichten. Man müsste für einen Gasschacht sorgen, um das Gas an die Oberfläche zu führen, das Aufwinden der Kohlen würde erspart werden und das Gas würde beim Aufsteigen, vermöge der specifischen Leichtigkeit, einen solchen Aufwärtsdruck ausüben, dass es mehrere Meilen weit geführt werden könnte bis zu den Fabriken oder

---

*) Eine Darstellung dieses Ofens siehe in der Schrift: „Ueber Stahlgewinnung durch direktes Verfahren".

sonstigen Verbrauchsstätten. Dies Projekt, weit entfernt gefährlich zu sein, würde eine sehr vollständige Ventilation der Minen sichern. Wir würden dadurch in den Stand gesetzt werden, jene enormen Lager kleiner Kohlen (welche ungefähr 20 pCt. ausmachen) nutzbar zu machen, die nun unbenutzt in den Kohlengruben liegen bleiben.

Ein anderes Zukunftsprojekt, welches meine Aufmerksamkeit beschäftigt hat, ist die Versorgung der Städte mit Heizgas zu häuslichen und Fabrikationszwecken. Im Jahre 1863 ward eine Gesellschaft gebildet unter der Betheiligung der Communal-Behörde zu Birmingham, um eine solche Anlage für diese Stadt zu beschaffen, zum Satze von 6 Pence für 1000 Cubikfuss; aber das für diesen Fall erforderliche Gesetz wurde von dem Comité des Oberhauses verworfen, weil Ihre Herrlichkeiten dafür hielten, dass, wenn dies ein so gutes Projekt wäre, wie man behauptete, die bestehenden Gasgesellschaften es sicherlich schon zur Ausführung bringen würden. Ich brauche kaum zu sagen, dass die bestehenden Gesellschaften das Projekt nicht ausgeführt haben, da sie für einen andern Zweck gebildet sind, und dass die Durchführung des Projekts so unendlich verzögert worden ist. Jedoch ist es neuerlich in Berlin wieder aufgenommen und bereits, wie ich glaube, theilweise zur Ausführung gelangt.

Die Kohlenfrage der Gegenwart.

Nachdem wir nun die hauptsächlichen Anwendungen der Kohlen durchgegangen sind, um den Unterschied zwischen unserm wirklichen Verbrauch zu zeigen und demjenigen, der eintreten würde, wenn unsere besten Erfahrungen sich einer allgemeinen Einführung erfreute und nachdem wir überdies versucht haben darzuthun, welches die äussersten, durch die Theorie festgestellten, indess in der Wirklichkeit

nic ganz zu erreichenden Grenzen des Verbrauchs sind,
wollen wir nun unsere Aufmerksamkeit auf die Kohlenfrage
der Gegenwart richten.

Blicken wir auf den Bericht des Comités zur Untersuchung der Ursachen der gegenwärtigen Kohlentheuerung,
so finden wir, dass im Jahre 1872 nicht weniger als 123
Millionen Tonnen Kohlen (à 20 Centner) aus den Minen von
England und Wales gewonnen sind, ungeachtet der Theue-
rungspreise und der Strikes der Kohlenarbeiter. Im Jahre
1862 erreichte die Kohlengewinnung nur die Ziffer von $82\frac{1}{2}$
Millionen Tonnen, was eine ungefähre Jahreszunahme der
Produktion um 4 Millionen Tonnen ergibt. Wenn diese pro-
gressive Zunahme anhält, so wird unsere Produktion nach
30 Jahren die erstaunliche Ziffer von 250 Millionen Tonnen
erreicht haben, was wahrscheinlich zu einer Preissteigerung
führen dürfte, welche die jetzt erreichten Grenzen weit über-
schreiten würde. Nimmt man die Preissteigerung des vorigen
Jahres, welche allem Anscheine nach andauernd bleiben wird,
auf durchschnittlich 8 Sh. per Tonne an, und zieht man die
13 Millionen Tonnen, welche ins Ausland ausgeführt werden,
ab, so finden wir, dass die britischen Consumenten für ihren
Kohlenbedarf 44 Millionen Pfund mehr zu zahlen hatten,
als der Marktpreis des letzten Jahres betrug — eine Summe,
die, wie man denken sollte, gross genug ist, um ernstliche Aufmerksamkeit auf die Frage der Brennmaterialverschwendung
zu lenken, welche letztere, wie ich zu zeigen versucht habe,
in der That ausserordentlich bedeutend ist. Die obener-
wähnte Commission resumirt ihren Bericht in dem folgenden Satz: „Die hauptsächliche Folgerung, welche aus der
ganzen Untersuchung zu ziehen ist, besteht darin, dass,
obwohl der Kohlenverbrauch im Jahre 1872 in einem geringe-
ren Verhältniss gewachsen ist, als in den unmittelbar vor-
hergehenden Jahren, doch wenn eine entsprechende Vermehrung der Arbeitskraft erlangt werden kann, der Zuwachs

der Produktion bald Schritt halten wird mit derjenigen der letzten Jahre."

Es ist dies in der That eine sehr ungenügende Folgerung, zu der somit das Parlaments-Comité nach einer langen und kostspieligen Untersuchung gelangt, und das Schlimmste dabei ist, dass sie in direktem Widerspruch steht mit der in demselben Bericht enthaltenen berichtigten Tabelle, welche nachweist, dass die allmälige Steigerung der Produktion in den letzten zwei Jahren in einer grössern Proportion, wie vordem stattgefunden hat; indem dieselbe sich im Jahre 1871 auf 5,826,000 und im Jahre 1872 auf 5,717,000*) belief, während die Durchschnittszunahme in den letzten 10 Jahren nur 4 Millionen Tonnen betrug!

Man darf hoffen, dass das Parlament sich mit einem solchen negativen Resultat nicht zufrieden geben, sondern darauf bestehen wird, zu erfahren, ob ein genügendes Gleichgewicht zwischen der Nachfrage nach, und der Gewinnung von Kohlen nicht anderweitig hergestellt werden kann; sowie ferner, was zu thun ist, um der weitreichenden nutzlosen Verschleuderung von Brennmaterial Einhalt zu thun.

Nehme ich die 105 Millionen Tonnen Kohlen, welche in diesem Lande während des letzten Jahres verbraucht sind, zum Ausgangspunkt, so halte ich dafür, dass, wenn wir uns entschliessen könnten, unsere Kohlen in einer sorgsamen und unsern jetzigen Erfahrungen entsprechenderen Weise zu verwenden, wir im Stande wären, jenen Verbrauch um 50 Millionen Tonnen zu vermindern. Die Durchführung solcher Ersparniss würde allerdings eine sehr bedeutende Capitalsausgabe erfordern und nicht geringen Zeitaufwand. Dagegen aber behaupte ich, dass unser Fortschritt zur Durchführung

---

*) Die „Inspectors of Mines" haben seitdem berichtet, dass 1872 123,393,853 Tonnen gefördert wurden und dass der Zuwachs gegen das vorhergehende Jahr somit 5,954,602 Tonnen betrug.

dieser Ersparungsmassregeln so beschleunigt werden muss, dass ein Gleichgewicht zwischen der gegenwärtigen Produktion und der stets anwachsenden Nachfrage nach den Wärmeresultaten herbeigeführt werden würde.

Sieht man auf die statistischen Berichte über die allmälige Zunahme der Bevölkerung, über die Zunahme der Dampfkraft und über die Erzeugung von Stahl und Eisen u. s. w., so findet man, dass unser Bedarf an Leistung um nicht weniger als 8 Procent per Jahr zunimmt, während unser Kohlenverbrauch sich nur im Verhältniss von 4 Procent steigert. Daraus ergibt sich, dass der Unterschied von 4 Procent ausgeglichen werden muss durch dasjenige, was wir unseren wissenschaftlich-technischen Fortschritt nennen dürfen. Betrachtet man nun das enorme Feld erwiesener Verbesserungen, welches vor uns liegt, so möchte ich behaupten, dass wir uns mit diesem Procentsatz des wissenschaftlich-technischen Fortschritts nicht zufrieden geben sollten; denn wie dargethan, involvirt derselbe einen jährlich um 4 Millionen Tonnen wachsenden Ausfall, welcher durch die Vermehrung der Kohlenproduktion ausgeglichen werden muss. Vielmehr sollten wir unseren wissenschaftlichen Fortschritt in demselben Verhältniss steigern wie unseren industriellen Fortschritt, und würden auf diese Weise die Kohlenproduktion für manches kommende Jahr zu einer constanten Grösse machen. Mittlerweile darf man hoffen, dass unsere Nachkommen einen weiteren grossen Fortschritt machen werden nach der theoretischen Grenze der Leistungsfähigkeit hin, welche, wie wir gesehen haben, so weit jenseits jedes thatsächlich bis jetzt erzielten Erfolges liegt, dass ein Jahresverbrauch von 10 Millionen Tonnen die Wärmekraft, welche wir effektiv gebrauchen, mehr als vollständig ausgleichen würde.

Worin besteht der Brennstoff der Sonne?

Im ersten Theil dieses Vortrag habe ich zu zeigen versucht, dass alle auf der Erde verwendbare Kraft, mit Ausnahme der Ebbe und Flut, von der Sonne herrührt und dass der Betrag, der jährlich auf unsere Erde ausgestrahlten Wärme ihren Maassstab hat an der Verdunstung eines 14 Fuss tiefen über die ganze Erdoberfläche ausgebreiteten Wasserlagers. Diese Verdunstung ist wieder äquivalent mit der Verbrennung eines 8 Zoll dicken über den ganzen Erdball sich erstreckenden Kohlenlagers. Jedoch muss man hierbei berücksichtigen, dass $3/4$ dieser Sonnenwärme durch die Atmosphäre aufgefangen wird und dass nur etwa $1/4$ davon die Erde selbst erreicht. Der Betrag der von der Sonne ausgestrahlten Wärme würde dargestellt werden durch die jährliche Verbrennung einer $4^1/2$ deutsche Meilen dicken, ihre ganze Oberfläche bedeckenden Kohlenschicht und es ist für die Männer der Naturwissenschaft stets Gegenstand des Erstaunens gewesen, wie eine so enorme Wärmemenge Jahr für Jahr fortströmen kann, ohne dass eine wesentliche Verringerung der Sonnenwärme hat beobachtet werden können. Um sich einen vollständigeren Begriff von dieser Wärmemenge zu machen, ist noch zu bedenken, dass die Sonnen-Oberfläche 13,000 Erdoberflächen gleich kommt. Es liesse sich eine so enorme Wärmeabgabe von der Oberfläche nicht durch blosse Zuleitung von Innen erklären, gleichviel wie hoch auch die innere Temperatur der Masse gedacht werden möge; ist doch selbst unsere Erde nachweislich noch feurig fleissig in ihrem Inneren trotz der kalten Oberfläche.

Neuerliche Forschungen mit dem Spektroskop, hauptsächlich die von Mr. Norman Lockyer angestellten, haben viel Licht über diese Frage verbreitet. Es ist jetzt klar dargethan, dass die Sonne an ihrer Oberfläche und vielleicht in ihrer ganzen Masse aus gasigen Elementarkörpern — meistens Metalldämpfen — besteht, sowie zum grossen Theil auch aus Wasserstoffgas, welches sich mit dem wahrscheinlich vorhandenen Sauerstoff nicht verbinden kann, wegen des (der Verdichtung zuzuschreibenden) hohen Wärmegrades, den man auf 12,000° Cent. schätzt*). Diese chemisch-todte und verhältnissmässig dunkle Masse der Sonne ist umgeben von der Photosphäre oder Lichtsphäre, in welcher ihre gasigen Bestandtheile zur Verbrennung gelangen, vermöge der Verringerung der Temperatur, die von der Ausbreitung und Ausstrahlung der Wärme in den Weltraum herrührt. Diese Lichtsphäre ist ihrerseits wieder umgeben von der Chromosphäre oder Farbenabsorptions-sphäre, welche in ihrer äusseren Schicht, dieser Anschauung gemäss, aus den Verbrennungsprodukten besteht, die, nachdem sie durch Ausstrahlung abgekühlt sind, vermöge der erlangten Dichtigkeit zur Sonne zurücksinken, wo sie wiederum durch die Zusammenpressung erhitzt und somit zum Theil wenigstens zersetzt oder „dissociirt" werden. Diese Rückbildung geschieht auf Kosten der innerlichen Sonnenwärme, welche durch diesen Prozess an die Oberfläche getragen wird. Grosse Convulsionen vollziehen sich so fortwährend auf der Sonnenoberfläche und geben Anlass zu Explosionen von enormer Macht, wobei Massen von Feuer tausend Meilen oder mehr aufwärts geschleudert werden und dabei zu den Phänomen der Sonnenflecke und der

---

*) Norman Lockyer hat neuerdings in einem Memoire für die Royal Society die Behauptung aufgestellt, dass Sauerstoff, sowie alle Metalloide Produkte der Verbindung von Urstoffen und bis jetzt noch nicht in der Sonne vorhanden sind. Diese Annahme ermangelt jedoch noch der Bestätigung und würde mit der hier vertretenen Anschauung nicht im Widerspruche stehen; nur würden die Verbindungen nicht Oxyde, sondern Urverbindungen höheren Grades sein.

Corona Anlass geben, welche letztere während der totalen Sonnenfinsterniss beobachtet wird. Man könnte die Sonne demnach einen gigantischen Gasofen nennen, in welchem zum Theil wol dieselben Brennstoffe (namentlich der Wasserstoff) continuirlich thätig sind, um die innere Sonnenwärme an die Oberfläche zu tragen, anderntheils aber vielleicht schon feste Verbindungen der Metalle mit Sauerstoff im Innern der Sonne erzeugt werden, wodurch eine positive Wärmequelle gegeben wäre, welche für Tausende von Jahren ausreichen dürfte. Es ist ausserdem aber auch denkbar, dass die Sonnenwärme durch eine Wechselwirkung mit der Aussenwelt genährt wird.

Es ist mir indessen hiesigen Orts und in dieser späten Stunde unmöglich weiter auf Betrachtungen über die Wiedererzeugung der Sonnenwärme auf ihrer Oberfläche einzugehen; eine Frage vom höchsten wissenschaftlichen und auch praktischen Interesse, welche ich hier nur anregen wollte, denn die Natur ist stets unsre zuverlässigste Lehrmeisterin und wird uns auch in diesem Falle weiter behülflich sein zu ermitteln, wie wir jene grossen Vorräthe der schlummernden Kraft zu benutzen haben, welche uns durch die Vorsehung in Form des Brennstoffs überliefert worden sind.

Ueber Gewinnung von Eisen und Stahl durch direktes Verfahren.

Vortrag, gehalten vor der Londoner »Chemical-Society«

am 20. März 1873.

Am 7. Mai 1868 hatte ich die Ehre Ihnen einen Vortrag über „Regenerativ-Gasöfen in ihrer Anwendung bei der Herstellung von Gussstahl" zu halten und war es damals mein Zweck, auf die wichtige Rolle hinzuweisen, die diese Oefen wahrscheinlich bei denjenigen metallurgischen Verfahren zu spielen bestimmt sein würden, welche eine intensive Hitze erfordern. Ich beschrieb damals eine Methode der Herstellung von Gussstahl auf dem offenen Heerde eines Regenerativ-Gasofens, welche darin besteht, dass man entweder Eisenabfälle oder Erze, in mehr oder minder reducirtem Zustande, in einem Bade von stark erhitztem Roheisen einschmilzt. Dieses Verfahren ist seitdem zu einer bedeutenden Höhe praktischer Entwicklung gelangt in den Werken der Landore Siemens-Steel Company, der Herren Vickers Sons & Company in Sheffield und mehreren anderen Hütten. Zwei verschiedene Verfahren werden in diesen Werken angewendet — das „Siemens-Martin-Verfahren", welches darin besteht, dass man Eisen- oder Stahlabfälle in einem Bade von Roheisen einschmilzt, dem schliesslich Spiegeleisen zugesetzt wird, und das „Erz-Reduktions-Verfahren", bei welchem Roheisen und mehr oder weniger reducirte Erze zur Anwendung kommen.

3*

Das Verfahren, welches hauptsächlich in den Landore Werken angewendet wird, besteht darin, dass man auf das Bett eines stark vorgewärmten Regenerativ-Gasofens, wie in Fig. 1 und 1a dargestellt, ungefähr 6 Tonnen Roheisen, sagen wir Nr. 3 oder 4 Hämatit-Roheisen, bringt. Wenn das Eisen geschmolzen ist, setzt man Eisenoxyd, welches womöglich zuvor mit solchen Zuschlägen von Kalk oder anderen Flussmitteln zusammen geschmolzen werden sollte, dass diese mit der in dem Erze und dem Roheisen enthaltenen Kieselerde eine flüssige Schlacke bilden können, oder auch rohe Erze, falls diese Kalk und Mangan enthalten, wie z. B. das afrikanische Mokta-Erz, hinzu. Wenn ungefähr 30 Centner dieser Erze (unter Aufwallen) in dem metallischen Bade eingeschmolzen sind, wird man finden, dass eine genommene Probe nur ungefähr 1% Kohlenstoff enthält; diesen Zeitpunkt kann man sehr leicht an dem eigenthümlich glänzenden Bruche erkennen, welchen die Probe zeigt, wenn man sie in Wasser abschreckt und unter dem Hammer zerschlägt.

Um nicht über dieses Stadium hinauszugehen, werden gegen das Ende der Operation von Zeit zu Zeit Proben aus dem Ofen genommen und eine derartige Reihe von Proben, sowie Proben von dem auf diese Weise erzeugten Stahl, welche ich der Gefälligkeit der Herren Vickers & Comp. verdanke, liegen Ihnen hier vor.

Wenn der geeignete Punkt der Entkohlung erreicht ist, hört man mit dem Zusetzen von Erz auf und fügt dem Bade 8 bis 10% Spiegeleisen hinzu. Sobald letzteres durch Umrühren vollständig mit der Masse vermischt ist, kann man das Metall in eine auf Rädern ruhende Giesspfanne abstechen und so in die Giesserei schaffen, wo es entweder in Ingotformen gegossen und sodann gehämmert und ausgewalzt, oder zur Herstellung von Façonguss angewendet werden kann.

Es war sehr schwierig ein Material zu finden, welches

der ausserordentlichen Hitze widerstand, die zur Ausführung
dieses Verfahrens erforderlich ist; gewöhnliche Dinasziegel,
die für gewöhnlich als das feuerbeständigste Material gelten,
schmolzen schnell weg, aber eine für diesen Zweck besonders hergestellte Gattung Ziegel aus reinem Quarz, welcher
zermahlen und mit nicht mehr als $2^0/_0$ gebranntem Kalk ge-
bunden wird, bewährt sich sehr gut. Der Heerd des Ofens
ist aus weissem Sand mit einer kleinen Beimischung von
leichter schmelzbarem, feinem Sand gemacht, welche
Mischung bei Stahlschmelzhitze ausserordentlich hart wird
und den Vortheil hat, sich mit frischem, zwischen den einzelnen Chargen, behufs Reparatur, zugesetztem Material zu
einer festen Masse zu verbinden. Wenn der Heerd und das
Gewölbe des Ofens aus den eben angegebenen Materialien
hergestellt sind, so werden dieselben bei dem Siemens-
Martin-Verfahren nur in sehr geringem Masse angegriffen,
obgleich die Hitze stark genug sein muss, um Schmiedeeisen, welches nur eine Spur von Kohlenstoff enthält, in
vollkommen flüssigem Zustande zu erhalten. Wenn Roheisen und mit dem nöthigen Zuschlag von Flussmitteln zu-
sammengeschmolzenes Erz angewendet wird, hält der Ofen
auch, aber der Gebrauch von rohem Erz bringt den Nachtheil eines schnellen Schwindens des Ofens mit sich; selbst
Magneteisenstein von der reinsten Beschaffenheit erfordert
den Zusatz von rohem Kalk zur Bildung einer schmelzbaren
Schlacke und der Staub, welcher aus dem Kalk und durch
das Zerspringen des Erzes entsteht, verursacht ein schnelles
Wegschmelzen der kieselhaltigen Ziegel, so dass nach etwa
2 Monate langem Gebrauch das 9zöllige Gewölbe des Ofens
auf 1 oder 2 Zoll Dicke reducirt ist. Es ist einleuchtend,
dass, vom chemischen Standpunkt aus genommen, Kieselerde
ein schlechtes Material für die Construction dieser Oefen
ist, da es die Bildung basischer Schlacken verhindert und
dass deshalb ein aus reiner Thonerde oder Kalk gebauter

Ofen vorzuzichen sein würde. Mein Freund Mr. Le Chatelier, Inspecteur-Général des Mines, dessen schätzenswerthe Bemühungen um die Förderung der Eisenfabrikation wohl bekannt sind, schlug mir vor einigen Jahren vor, zur Herstellung des Ofenbettes Bauxite (von Baux in Frankreich, wo es zuerst entdeckt wurde) zu gebrauchen, ein Mineral, welches hauptsächlich aus Thonerde besteht; aber ich konnte dasselbe nicht mit Erfolg anwenden, da sich die Masse bei starker Hitze zu sehr zusammenzieht und sich nicht mit demselben Material verbindet, wenn solches behufs Ausbesserung zugesetzt wird. Bei dem Versuch die Seiten und die Decke des Ofens aus Bauxite-Ziegeln zu bauen, fand sich, dass dieselben der Hitze nicht so gut widerstanden wie die kieselerdehaltigen Ziegel, welche letztere sich in der That als unverwerflich erweisen, ausgenommen wenn man rohes Erz und Kalkstein verarbeitet.

Wenn man sich guten Roheisens bedient, solches wie man es bei dem Bessemer-Verfahren anwendet, so erzielt man ein Metall von ausgezeichneter Qualität, welches ziemlich in jeder Hinsicht dem Stahl gleichkommt, der durch das Schmelzen von schwedischem Stabeisen in Tiegeln nach der alten Sheffield-Methode producirt wird.

Es findet hier offenbar eine Analogie zwischen diesem und dem Bessemer-Verfahren statt, insofern beide in einem Process der Entkohlung von Roheisen bestehen, doch sind sehr wichtige Unterschiede zu bemerken, sowohl was die Natur der chemischen Reaction, als des producirten Metalls selbst, anbetrifft. Bei dem Bessemer-Verfahren werden das Kieselmetall und der Kohlenstoff durch die Wirkung der Gebläseluft völlig oxydirt, während Schwefel und Phosphor unoxydirt bleiben. Mangan wird bei dem Bessemer-Verfahren nur bis zu einem gewissen Grade oxydirt, und deshalb ist es nicht nöthig gegen das Ende der Operation Spiegeleisen zuzusetzen, wenn das angewendete Roheisen einen mässigen Gehalt von metallischem Mangan hat, wie dies in Schweden und in der Steyermark der Fall ist. Mr. W. Hackney, der Betriebs-Direktor und Mr. A. Willis, der Chef des chemischen Laboratoriums der Landore-Stahlwerke haben Bessemer-Metalle analysirt, welche ohne Zusatz von Spiegeleisen dargestellt worden waren und fanden, dass dieselben nicht weniger als 0.3% Mangan enthielten. Ungeachtet der Nichtoxydirung des Mangans, wird bei dem Bessemer-Verfahren $8-10\%$ Eisen oxydirt, obgleich Eisen von Natur weniger Affinität zum Sauerstoff hat, als Mangan. Die Oxydirung dieses Betrages von Eisen in dem Bessemer-Convertor ist insofern ein glücklicher Umstand als ohne dieselbe der Hitzegrad, welcher nöthig ist, um das erzeugte schmiedebare Eisen flüssig zu erhalten, nicht erzielt werden könnte, und das Metall nothwendiger Weise in dem Converter erstarren würde. Bei dem oben beschriebenen Erz-Reduktions-Process wird ein durchaus verschiedenes Resultat erzielt wie folgender Versuch darthut.

Manganhaltiges Roheisen wurde geschmolzen und Erz in der gewöhnlichen Weise zugesetzt. Nachdem das Eisen vollständig geschmolzen war, enthielt die Masse, die in der ersten Zeile der folgenden Tabelle angegebenen Bestandtheile, woraus man ersehen wird, dass Kiesel und Mangan zuerst ausgeschieden wurden, während der Kohlenstoffgehalt sich ziemlich gleich blieb, bis die beiden andern Bestandtheile vollständig entfernt waren:

Proben genommen	Gehalt von		
	Kohlenstoff	Kieselmetall	Mangan
Beim Schmelzen des Eisens	1·90	0·57	1·14
1 Stunde später	1·8	0·233	0·576
2 - -	1·7	0·183	0·2
3 - -	1·65	0·05	0·08
4 - -	1·6	0	0
5 - -	1·1	Kieselmetall und Mangan	
6 - -	0·6	vollständig ausgeschieden.	
7 - -	0·2		

Schwefel und Phosphor werden in beträchtlichem Grade oxydirt; ein Umstand, welcher uns ermöglicht, Roheisen anzuwenden, das einen kleinen Prozentsatz dieser Beimischungen enthält, welche nicht absolut zu verwerfen sind, insofern sie nicht in übermässigen Verhältnissen vorkommen; die zulässige Quantität sowohl von Phosphor als Schwefel beträgt ungefähr 0.08%.

Da das zur Entkohlung angewendete Mittel Eisenoxyd ist, kann kein Gusseisen möglicher Weise oxydirt werden, und eine Tonne Rohmetall, die mit dem nöthigen Zusatz von Spiegeleisen 9 bis 10% fremde Substanzen enthält, liefert volle 21 Centner Stahlingots. Bei diesem Verfahren ist der Zusatz von Spiegeleisen gegen das Ende der Operation durchaus nothwendig, wie viel Mangan auch immer in dem angewendeten Rohmetall enthalten sein mag, da, wie die vorhergehende Tabelle zeigt, das Mangan schnell oxydirt wird.

Der Grund der verschiedenen Reaction bei dem Bessemer-Verfahren ist meiner Ansicht nach, dass die Kieselerde, die vom Anfang der Operation an frei wird, eine Basis zu ihrer Sättigung erfordert und dass ihre grosse Affinität zum Eisenoxydul (bei dem durch das Gebläse vorhandenen freien Oxygen) die Oxydirung dieses Metalls eher bewirkt als die des Mangans.

Ein charakteristischer Unterschied zwischen den beiden Metallen in ihrem flüssigen Zustande ist, dass das Bessemer-Metall beim Abkühlen in den Formen in ein heftiges Aufwallen geräth, was wahrscheinlich von einer Reaction zwischen eingeschlossenem Sauerstoff und Kohlenstoff herrührt und welchem man entgegen wirkt, indem man die Formen zustopft. Das Erz-Process-Metall hingegen enthält, wenn es mit Sorgfalt hergestellt ist, keinen eingeschlossenen Sauerstoff und sinkt beim Abkühlen in den Formen in derselben Weise wie Stahl, der nach der alten Sheffield-Methode erzeugt wurde.

Es hat bisher unter metallurgischen Chemikern für eine offene Frage gegolten, ob das Vorhandensein von Mangan in schmiedebarem Stahl wirklich erforderlich ist; einige haben behauptet, dass seine wohlthätige Wirkung sich auf die Ausscheidung des Schwefels während der Herstellung beschränke. Dass dies jedoch nicht der Fall ist, mag der folgende Auszug aus einem Bericht der Herren Hackney und Willis zeigen:

„Unsere, auf fünfjährige Erfahrung gegründete, Beobachtung geht dahin, dass keine chemische Reaction zwischen dem Mangan des Spiegeleisens und den andern Elementen des Stahls stattfindet, sondern dass es einfach wie in einer Legirung wirkt. Was die Thatsache anbetrifft, dass das Mangan keinen Schwefel aus einem Stahlbade ausscheidet, so ist es eine merkwürdige Erscheinung, dass in einem Hochofen das Gegentheil stattfindet. So wie der Procentsatz des Mangans in dem Roheisen zunimmt, nimmt der Schwefel ab; zum Beispiel, wenn man zu einem Quantum Erz und Coke, die, auf dem gewöhnlichen Wege, 2—3 % Schwefel enthaltendes Roheisen produciren würden, manganhaltiges Erz hinzusetzt, so dass 2 % Mangan auf das Gewicht des Eisens kommen würden, wird der Schwefel auf 0·05 oder 0·08 % reducirt werden; aber wenn das Eisen 3 % Mangan enthält, wird man nie mehr als eine leichte Spur von Schwefel darin vorfinden. Wir haben in letzter Zeit Gelegenheit gehabt, mehre hundert Proben Roheisen zu analysiren, die unter diesen Bedingungen gemacht waren und können uns für die Genauigkeit dieser Angaben verbürgen, und wir glauben, dass diese Thatsache wohl werth wäre, die Aufmerksamkeit der Eisenfabrikanten auf sich zu ziehen, welchen ein Uebermass von Schwefel in ihren Erzen oder ihrem Brennstoff Schwierigkeiten bereitet.

„Ein Jeder muss die Abwesenheit des Schwefels bei allen Analysen von Spiegeleisen bemerkt haben, obgleich viel davon mit Coke producirt wird und die meisten der zur Herstellung desselben angewendeten Erze eine beträchtliche Quantität Eisenkies enthalten.

„Dass das Mangan durch sein thatsächliches Vorhandensein und nicht durch chemische Reaction wirkt, ist, wie wir glauben, durch die Thatsache erwiesen, dass, wenn durch irgend einen Zufall oder durch die Nachlässigkeit der Arbeiter die Masse länger als zwanzig Minuten nach dem vollständigen Schmelzen des Spiegeleisens im Ofen gelassen wird, der Stahl in Folge der Oxydirung des Mangans jederzeit schlecht geräth und kann man, falls eine solche Verzögerung stattgefunden hat, durch einen kleinen Zuschlag von Spiegeleisen die Masse corrigiren und das Ausbringen von schlechtem Metall vermeiden.“

Ueber die Unreinheiten im Stahl berichten dieselben Herren:

„Das Vorhandensein von Schwefel macht, wie wohl bekannt, den Stahl rothbrüchig und es bleibt nur die Frage, wie viel davon darf er ohne Nachtheil enthalten? Unsere Erfahrung lehrt uns, dass bis zu 0.08% nichts schaden, vorausgesetzt, dass der Stahl auch 0.3% Mangan enthält und wir haben selbst 0.112% vorgefunden, ohne dass wir Klagen von Seiten der Arbeiter vernommen hätten.

„Phosphor scheint weder das Walzen noch das Hämmern des Stahls zu beeinflussen, selbst wenn derselbe 0.2% davon enthält. Es muss jedoch bemerkt werden, dass, wenn der Gehalt an Phosphor 0.08% übersteigt, die Schienen so kaltbrüchig werden, dass sie die starke Probe, der sie unterworfen werden, nicht aushalten.

„Das Vorhandensein von Arsenik und Phosphor vermehrt die Härte des Stahls auf Kosten seiner Zähigkeit.

„Die Wirkung des Kupfers ist noch nicht festgestellt; nach Perey macht es den Stahl rothbrüchig, selbst in grösserem Maasse, als dies bei demselben Gehalt an Schwefel der Fall sein würde.

„In Folge der Natur des Verfahrens findet sich in der Regel sehr wenig oder gar keine Kieselerde in dem Siemens-Stahl. Der Kohlenstoff und die Kieselerde scheinen gleichmässig ausgeschieden zu werden, wenn kein Mangan vorhanden ist, und da gewöhnlich der Gehalt an Kohlenstoff grösser ist, als der an Kieselerde, so bleibt von letzterer nichts zurück, wenn der Kohlenstoff auf 0.2% reducirt ist. Die geringe Menge, welche sich in dem Stahl vorfindet, rührt von dem zugesetzten Spiegeleisen her.“

In den Landore-Werken werden durch diese Verfahren wöchentlich über 1,000 Tonnen Gusstahl erzeugt und andere Werke, wie die der Herren Vickers & Comp. in Sheffield, Friedr. Krupp in Essen u. s. w. bedienen sich derselben zur Herstellung von Stahl bester Qualität.

Sowohl bei dem Erz-Reduktions-, als bei dem Siemens-Martin'schen Verfahren bildet Roheisen die Hauptbasis, indem man es entweder in der Form von Gänsen, oder als Puddeleisen, oder als Bessemer-Abfälle in Anwendung bringt.

In meinem frühern Vortrage sprach ich die Ueberzeugung aus, dass man schliesslich zu der directen Verarbeitung der Erze zu Eisen und Stahl gelangen würde und da ich mich seitdem eifrig mit diesem Problem beschäftigt habe, so ist es nunmehr mein hauptsächlicher Zweck, Sie mit den bisher erreichten Resultaten bekannt zu machen.

Ich bin mir wohl bewusst, dass einerseits die directe Verarbeitung der Eisenerze zu Eisen oder Stahl nichts Neues ist, insofern als die alten Inder und Römer ihr Eisen durch einen directen Process aus dem Erz gewannen, und dass andrerseits der Hochofen ungemeine Vortheile für

die massenhafte Ausscheidung des Metalles aus dem Erze
darbietet, neben welchen die armseligen Bemühungen der
Alten, die nach der Arbeit eines Tages und mit Verschwendung grosser Quantitäten reicher Erze und Holzkohlen nur
einen halben Centner, mit halb geschmolzener Schlacke
vermischten Metalls producirten, jegliche Bedeutung ver-
lieren.

Mr. Riley sagt in seinem, am 22. Mai 1872 vor dieser
Gesellschaft gehaltenen, interessanten Vortrag: „Ueber Eisen-
und Stahlfabrikation", folgendes:

„Die bedeutenden Verbesserungen, welche in jüngster
Zeit bei der Fabrikation von Roheisen zur Anwendung kommen, die ungemein gesteigerte Production bei abnehmenden
Herstellungskosten von dem, was wir als das rohe Material
in der Eisen- und Stahlfabrikation betrachten können, sind,
denke ich, hinreichend nicht nur praktische, sondern auch
wissenschaftliche Männer zu überzeugen, dass wir bei jeder
Verbesserung in der Eisenfabrikation mit dem Roheisen
beginnen und dasselbe als Ausgangspunkt betrachten müssen."

Mr. Riley drückt hier die unter den Metallurgen vor-
herrschende Meinung aus; — dennoch verzweifle ich nicht
daran, Ihnen beweisen zu können, dass sich aus theoretischen Gründen sehr ernste Einwendungen gegen den Hochofen erheben lassen, insofern in demselben Eisen producirt wird, welches fast alle jene schädlichen Substanzen
aufgenommen hat, die in den zur Herstellung angewendeten Materialien enthalten sind, insofern man dabei nur
kostspieliges Brennmaterial, wie Coke, anwenden kann, und
insofern als die Verbrennung desselben nothwendiger Weise
unvollkommen ist.

Die anliegende Zeichnung (Fig. 2) zeigt die Vertheilung
der Temperatur in dem Hochofen, wie sie Mr. Lowthian Bell
in einem Vortrage darstellte, welchen er im Jahre 1872 vor der
„Institution of Civil Engineers" gehalten hat. Dieselbe zeigt,

FIG. 2. Hochofen.

dass die Reduction der Metalloxyde zu Eisenschwamm innerhalb der ersten 20 Fuss ihres Niedergehens in dem Ofen
und bei verhältnissmässig niedriger Temperatur stattfindet.
Dieser obern Zone folgt diejenige, in welcher der Kalkstein
zersetzt wird und der Eisenschwamm sich mit dem Kohlenstoff zu verbinden beginnt. Zwischen dieser zweiten Zone
und der Schmelzungs-Zone in der Rost des Ofens liegt eine
Zone von beträchtlicher Ausdehnung, in der anscheinend
keine andere Veränderung bewirkt wird, als eine Steigerung
in der Temperatur des Eisenschwamms, wo aber in der
That eine äusserst kräftige Reduktion von Substanzen
stattfindet, die sich besser nicht mit dem Eisen verbinden
würden. Es ist allgemein bekannt, dass beinahe aller im
Eisenstein, Kalkstein und Coke enthaltene Phosphor hier
mit dem Eisenschwamm verbunden wird. Die Kieselerde
wird auf ihren metallischen Zustand reducirt und verbindet
sich nebst Schwefel, Arsenik und andern Basen, die vorhanden sein mögen, mit dem Eisen. Die Endwirkung in
dem Hochofen besteht nur darin, dass diese reducirten Substanzen geschmolzen werden und die Schlacken bilden, welche
das geschmolzene Metall umgeben und beschützen.

Was die Brennstofffrage betrifft, so ist zu bemerken,
dass das Resultat der Verbrennung in dem Hochofen zum
grössten Theil Kohlenoxyd ist und dass die bei dieser Verbrennung entwickelte Hitze nur 2,400 Wärmeeinheiten per
Pfund reinen Coke beträgt, während eine vollkommene Verbrennung (zu Kohlensäure) desselben Cokes die Entwicklung
von 8,000 Wärmeeinheiten zur Folge haben würde. Es ist
praktisch unmöglich mehr als ein Fünftel Kohlensäure im
Verhältniss zu dem Kohlenoxydgas zu erhalten, welches aus
der Gicht des Hochofens strömt, und wenn man ausserdem
in Betracht zieht, dass die Gase die Gicht des Hochofens
mit einer Temperatur von 350° C. verlassen, so kann man
wohl behaupten, dass nur ein Drittheil der dem Coke inne-

wohnenden Heizkraft in dem Ofen nutzbar gemacht wird.
Es ist wahr, dass ein Theil der so unbenutzt gelassenen
Hitze verwerthet werden kann, indem man die Gase zur
Feuerung von Dampfkesseln oder zur Erwärmung der Luft
für die Hochofengebläse benutzt; aber diese Nutzbarmachung
entspricht nur einem kleinen Theil von dem Werthe des
Cokes oder der Holzkohle, die mit dem Erze in den Ofen
kommen; während zu letzteren Zwecken auch viel billigeres
Material angewendet werden könnte. Die Anwendung heisser
Geblässeluft bei Hochöfen war unzweifelhaft, was Brenn-
material-Ersparniss anbetrifft, eine grosse Verbesserung, weil
die so erzielte Hitze durch eine vollkommne Verbrennung
des Brennstoffs erreicht wird und, indem dadurch die innerhalb des Ofens erforderliche Verbrennung sehr reducirt wird,
man auch die Quantität der Verbrennungs-Produkte im Verhältniss zu einer gegebenen Menge Erz bedeutend verringert,
ein Umstand, der die Wirkung hat, dass die eingebrachten
Erze verhältnissmässig mehr Hitze aus den Verbrennungsprodukten absorbiren können, welche letztere daher mit
niedrigerer Temperatur die Gicht des Ofens verlassen.

Auf diesen Beweisgrund gestützt, bin ich zu der Annahme geneigt, dass der Verbrauch von Coke in einem Hochofen sich mit der gesteigerten Temperatur der Gebläseluft
bedeutend vermindern muss und zwar in unbeschränktem
Grade, und in dieser Hinsicht wage ich von der Meinung
meines Freundes Mr. Lowthian Bell abzuweichen, welcher
behauptet, dass die blosse Steigerung des Rauminhalts des
Ofens bis zu einer gewissen Grenze denselben Effect hervorbringt, wie die Steigerung der Temperatur der Gebläseluft und dass kein Vortheil dadurch erzielt wird, dass man
die Temperatur der Gebläseluft über 515° C. hinaus steigert.
Wenn man jedoch die besten mit Hochöfen erzielten Resultate betrachtet, wird man finden, dass vier Fünftel der
dem Ofen entströmenden Verbrennungsprodukte, ohne den

darin enthaltenen Sauerstoff in Betracht zu ziehen, aus Kohlenoxydgas bestehen, und eine Temperatur von nicht weniger als 350° C. haben, und deshalb ganze $^2/_3$ der Hitze mit sich wegführen, welche sie erzeugen könnten, wenn sie zu Kohlensäure verbrannt würden.

In meinem früheren Vortrage beschrieb ich eine Methode der Reduktion von Eisenoxyden, welche darin bestand, dass dieselben, mit Kohlen gemischt, durch umgekehrte Trichter von feuerfestem Thon in einen Flammofen chargirt wurden, um während ihres allmähligen Herabfallens die Erze zu Eisenschwamm zu reduciren, welcher sodann auf dem offenen Heerde des Ofens geschmolzen wurde, wobei Roheisen das Einschmelzen erleichtern sollte. Es fand sich jedoch heraus, dass die Wärmemenge, welche durch die Wände der Trichter den Erzen mitgetheilt werden musste, so bedeutend war, dass die Reduktion nur sehr langsam vor sich ging, und dass die Trichter selbst durch die intensive Hitze sehr schnell abgenutzt wurden. Die Reduktion des metallischen Eisens in geschlossenen Kammern dieser oder irgend einer andern Art, welche ich in Anwendung brachte, konnte in keiner kürzeren Zeit als etwa 36 Stunden durchgeführt werden, während gleichzeitig die Menge des zur äusseren Erwärmung der Kammer benöthigten Brennmaterials sehr bedeutend war.

Diese unbefriedigenden Resultate führten mich zu anderen Versuchen, Eisenschwamm in einem rotirenden Ofen zu produciren. Dieser Ofen bestand aus einem langen eisernen Cylinder von ungefähr 8 Fuss Durchmesser, der auf Rollen ruhte. Das Ziegelfutter desselben war der Länge nach mit Passagen versehen, welche dienten, um die Luft und Gas, vor ihrer Verbrennung an dem einen Ende des Rotators, vorzuwärmen. Die so erzeugte Flamme ging von dort nach dem entgegengesetzten oder Schornsteinende, wo eine Mischung von zerkleinertem Erz und Kohlen chargirt wurde. Durch die langsame Rotation des Ofens rückte diese Mischung beständig nach dem heisseren Ende des Cylinders vor und wurde allmählig zu Eisenschwamm reducirt. Dieser fiel durch eine aus feuerfestem Material construirte Oeffnung auf den Heerd eines Stahlschmelzofens in ein Bad von flüssigem Roheisen. Der Zuschlag von reducirtem Erz wurde fortgesetzt, bis der Kohlenstoff der Mischung auf das vorhin angegebene Minimum reducirt worden war. Sodann wurde mit der Umdrehung des Ofens nicht weiter fortgefahren, um weiteren Zusatz von reducirtem Erz zu verhindern; zuletzt wurde Spiegeleisen zugesetzt und der Inhalt des Ofens in Giesspfannen abgestochen und in Ingots ausgeleert, wie bereits weiter oben beschrieben.

Dieser rotirende Ofen wurde durch mich 1869 in den Landore-Werken erbaut, und erwies sich in so weit als erfolgreich, als die Reducirung des Erzes in verhältnissmässig kurzer Zeit erreicht wurde. Es stellte sich jedoch eine Schwierigkeit heraus, welche zur Folge hatte, dass derselbe sofort aufgegeben wurde: es zeigte sich nämlich, dass der Eisenschwamm aus den Generator-Gasen Schwefel absorbirte und dadurch zur Stahlfabrikation untauglich wurde; ausserdem schwamm der Eisenschwamm bei seiner Einführung in den Stahlschmelzofen oben auf dem Roheisenbade, ohne darin rasch absorbirt zu werden und wurde zum grossen Theil durch die Wirkung der Flammen in dem Ofen wieder oxydirt und in Schlacke verwandelt.

Diese Versuche überzeugten mich, dass die erfolgreiche Anwendung von reducirten Erzen nicht durch ihre Verwandlung in Eisenschwamm erreicht werden könne und erklärten mir völlig, warum die Versuche die Clay, Chenôt, Yates und Andere früher schon gemacht, Eisen unmittelbar aus Erz zu produciren, misslungen waren. Anderseits hatte ich beobachtet, dass, wenn man Eisenerze schmilzt, kein Schwefel aus der Flamme absorbirt wurde, und es kam mir der Gedanke, dass, wenn Erze in einem für continuirlichen Betrieb eingerichteten Ofen in grossem Massstabe, mit Flussmitteln gemischt, geschmolzen würden, man das metallische Eisen durch Zusatz von Kohlenstoff in compakterer Form ausscheiden könnte, während die Gangart der Erze mit den Flussmitteln eine flüssige Schlacke bilden würde. Angestellte Versuche bewiesen, dass diese Reduktion durch Fällung des Eisens, nur bei sehr starker, die Schweisshitze des Eisens bedeutend übersteigender Hitze erzielt werden konnte, dass jedoch das so producirte Eisen beinahe chemisch rein war, obgleich die angewandten Erze und Brennstoffe einen sehr beträchtlichen Prozentsatz von Schwefel und Phosphor enthielten. Die Proben von Eisen, welche ich hier vorlege, sind in dieser Weise aus verschiedenen Erzsorten erzeugt und die folgende Tabelle gibt die Analyse der Erze und des Eisens, wie auch des Quantum des aus einer Tonne Erz gewonnenen Eisens:

Versuche mit dem Präcipitations-Verfahren in den
Landore Siemens-Steel Works.

Erze.	Charge.		Eisen.
	Erz.	Kohle.	
Mokta *) 12 Cwt. Hammerschlag **) 8 -	} 20 Cwt.	6 Cwt.	14 Cwt.
Mokta 10 - Hammerschlag 8 -	} 18 -	4 -	14½ -
Mokta 12 - Hammerschlag 8 -	} 20 -	6 -	11½ -
Mokta 6 - Hammerschlag 4 -	} 10 -	2 -	12 -
Mokta 10 - Hammerschlag 10 -	} 20 -	6 -	15½ -
Mokta 14 - Hammerschlag 12 -	} 26 -	6 -	18 -
Zusammen . . .	114 Cwt.	30 Cwt.	85½ Cwt.

*) Analyse dieses Erzes siehe Seite 52.
**) Analyse: Eisenoxyd . . . . . 29·05
      Eisenoxydul . . . . 66·58
      Beimischungen . . . 4·41
           100·04

4

Versuche in rotirenden Oefen.

		Erz Pfd.	Kalk Pfd.	Kohle Pfd.	Ausge- brachte Eisenbälle Pfd.
River Don Works, Sheffield.	Mokta	984	48	216	492
Sample Steel Works, Birmingham.	Mokta Somorostro*)	392 392	40	176	258
do.	Alleghany*) Hematit-Erz*)	1000	—	300	455
do.	do.		40	300	454
do.	Towcester Erz*)	1000	—	300	435
do.	Blackband*) Mokta	500 500	—	250	456
do.	Blackband Purple*)	400 400	—	200	482
do.	Westphälisches Erz No. I*) do. No. II*)	540 270	—	200	234
do.	do. No. I do. No. II	200 200	—	200	168
do.	Hammerschlag Irländischer Thoneisen- stein*) Manganhaltiges Erz*)	600 60 60	7	180	557

Die Zeilen ab "do." sind durch eine Klammer zusammengefasst mit der seitlichen Beschriftung: *Dies sind einige von den nach Veröffentlichung der englischen Ausgabe gemachten Chargen.*

Versuche in den *Blochairn Iron Works* bei Glasgow.

Nr.	Charge. Erze	Pfd.	Erz	Kalk	Kohle	Eisen- bälle Pfd.	Analyse des Eisens. Unreinlich- keiten.
1.	Purple*) Rotheisenstein*)	450 150	600	56	356	137	$S = 0{\cdot}055\%$ $P = 0{\cdot}114\%$ $Si = 0{\cdot}130\%$

*) S. Analysen im Anhang.

	Charge.					Eisen-bälle	Analyse des Eisens.
Nr.	Erze	Pfd.	Erz	Kalk	Kohle	Pfd.	Unreinlich-keiten.
2. {	Purple Rotheisenstein*)	138 56	224	12	170	165	
3. {	Geschmolz. Erz Kokepulver	350 210	560	—	—	210	
4. {	Purple Blackband*)	300 600	900	90	390	210	
5. {	Blackband Clayband*) Purple	600 600 300	1500	150	420	160	
6. {	Blackband Clayband Purple	300 300 300	900	90	145	202	
7. {	Cleveland*) Purple	900 300	1200	120	290	268	$S = 0{\cdot}041\%$ $P = 0{\cdot}150\%$ $Si = 0{\cdot}173\%$

Ergebnisse des Cascaden-Ofens in *Landore Siemens-Steel Works* bei Swansea.

Charge in Cwt.				Ausgebrachte Luppen.
Mokta Erz	Walz-Schlacke	Zusammen	Kohle	Cwt.
8	8	16	4	7½
10	8	18	3	15
6	6	12	3	8
4	8	12	4	11
10	8	18	6	13
6	4	10	2	12
12	8	20	6	14
10	8	18	4	14½
12	8	20	6	11½
10	10	20	6	15½
14	12	26	6	18
102	88	190	—	140

*) S. Analysen im Anhang.

4*

Das angewandte Mokta-Erz hatte die folgende Zusammensetzung:

$$
\begin{array}{ll}
\mathrm{Fe_2O_3} & 79\cdot74 \\
\mathrm{FeO} & 6\cdot43 \\
\mathrm{Mn_3O_4} & 2\cdot92 \\
\mathrm{Cal} & 0\cdot52 \\
\mathrm{MgO} & 0\cdot25 \\
\mathrm{SiO_2} & 4\cdot75 \\
\mathrm{Abbrand} & 5\cdot11 \\
\hline
& 99\cdot72
\end{array}
$$

$\left.\begin{array}{l} \mathrm{Fe_2O_3}\ 79\cdot74 \\ \mathrm{FeO}\ 6\cdot43 \end{array}\right\}$ Fe 60·8

Ausgebrachte Luppen

$\left.\begin{array}{l} \text{32 Chargen 14,336 Pfd. Erz} \\ \qquad 5,952 \ \text{-} \ \text{Kohle} \\ \qquad 768 \ \text{-} \ \text{Kalk} \end{array}\right\}$ 8,115 Pfd. = 56,6%

Andere hier vorgelegte Stahlproben sind vermittelst Schmelzung des so erhaltenen Eisens auf dem offenen Heerde eines Regenerativ-Gasofens producirt und ist deren Qualität unzweifelhaft vorzüglich.

Der zur Durchführung dieses Schmelz- und Fällungs-Verfahrens angewandte Ofen ist ein Regenerativ-Gas-Flammofen, dessen Heerd in zwei, aus dem Erze selbst gebildete Betten getheilt ist; auf dem einen, etwas höher gelegenen Bette wird ein Bad von geschmolzenem Erze bereitet, welches durch Durchstechen der Zwischenwand von ungeschmolzenem Erze in das tiefer gelegene Bett abgestochen wird. Dieses ist in zwei Nester getheilt, von denen jede eine separate Arbeitsthür hat, und welche abwechselnd benutzt werden. Der zur Fällung des Eisens angewandte Kohlenstoff, wie Anthracit oder harter Coke wird zu Pulver zermahlen und mit etwa gleichen Gewichtstheilen pulverisirten Erzes gemischt, auf das Bad gestreut und sodann das flüssige Erz darauf gelassen. Durch Umrühren mit einer Rührstange wird eine dicke, schäumende Masse gebildet, aus welcher sich in 40 bis 50 Minuten das metallische Eisen ausscheidet.

Die so erhaltene, von flüssiger Schlacke umgebene Luppe
wird gezogen und kann entweder auf die gewöhnliche Art
gezängt und zu Stabeisen verarbeitet, oder in das flüssige
Roheisenbad eines Stahl-Schmelzofens übertragen werden,
in welchem dieselbe leicht einschmilzt. Die Durchführung
dieses Verfahrens erfordert jedoch, seitens der Arbeiter, einen
gewissen Grad von Sorgfalt und Uebung, da andernfalls
nur ungenügende Resultate erzielt werden. Die Analyse
der Schlacke wies einen Gehalt von Eisen in derselben
nach, welcher sich selten auf weniger als 15% belief, in
einigen Fällen jedoch sogar auf 40% stieg.

Es lag also auf der Hand, dass, wenn die direkte Erzeugung von Eisen und Stahl in grösserem Maassstabe mit
lohnendem Erfolge betrieben werden sollte, das Verfahren
ein mechanisches sein müsse, und richtete ich deshalb mein
Augenmerk wieder auf den, weiter oben erwähnten rotirenden Ofen. Ich sah ein, dass, wenn es mir gelingen sollte,
für diesen Ofen ein Futter herzustellen, welches nicht nur
der zur Fällung des Eisens nöthigen hohen Temperatur,
sondern auch der chemischen Einwirkung widerstehen
würde, diese Art der Durchführung des Verfahrens mit
Erfolg gekrönt werden müsse. So kam ich wieder auf
Mr. Le Chatelier's Vorschlag, Bauxite anzuwenden, zurück,
ein Material, welches alle erforderten Eigenschaften besitzt,
falls es nur gelang, dasselbe in compakte Form zu bringen
und es genügend unschmelzbar zu machen.

Eine Serie von Versuchen mit verschiedenen Binde-
mitteln ergab, dass 3% feuerfester Thon den vorher cal-
cinirten und zermahlenen Bauxite gut band. Dieser Mischung
wurde ungefähr 6% Graphitpulver zugesetzt, wodurch dieselbe praktisch unschmelzbar wurde, da das in dem Bauxite
enthaltene Eisenoxyd auf diese Weise zu Metall reducirt wird.
Anstatt des Thones kann auch Wasserglas als Bindemittel
benutzt werden, welches ausserdem noch den Vorzug be-

sitzt, sich bei einer so niedrigen Temperatur zu verbinden, dass der Graphit beim Brennen der Ziegel nicht ausgebrannt wird. Wenn das Futter eingesetzt ist, werden die Ziegel durch flüssigen Hammerschlag vor Oxydation geschützt und die Fugen zwischen denselben gedichtet, wodurch gleichzeitig Contakt mit der Flamme vermieden wird. Ein so hergestelltes Bauxitefutter widersteht der Einwirkung sowohl der Hitze als der flüssigen Schlacke in auffallendem Maasse, wie durch Versuche in einem rotirenden Ofen in meinem Versuchs-Werke in Birmingham, mit einem theils aus Bauxite- und theils aus gewöhnlichen feuerfesten Ziegeln bestehenden Futter zur Genüge hervorging. Nach vierzehntägigem Gebrauch war die Stärke der gewöhnlichen Ziegel von 6 Zoll auf weniger als einen halben Zoll reducirt, während die Bauxiteziegel noch immer eine Dicke von 5 Zoll hatten und ganz compakt waren. Es ist ferner bemerkenswerth, dass der Bauxite, wenn er einer intensiven Hitze ausgesetzt wird, in eine feste Schmirgelmasse von so ungemeiner Härte verwandelt wird, dass man dieselbe kaum mit Stahlwerkzeugen bearbeiten kann, und sowohl der mechanischen als der chemischen Wirkung, sowie der Hitze, in hohem Grade widersteht.*) Der für dieses Futter angewendete Bauxite hatte folgende Zusammensetzung:

---

*) Neuere Praxis mit dem Rotator hat ergeben, dass reine Eisenoxyde, welche in demselben geschmolzen und dann, bei energischer Abkühlung von Aussen und langsamer Umdrehung erstarrten, ebenfalls der Einwirkung der schmelzenden Erze und der Hitze sehr gut widerstehen. In Folge dessen füttere ich jetzt nur die conischen Enden mit Bauxite, den cylindrischen Mantel dagegen mit geschmolzenem Eisenoxyd aus. Dieses Eisenoxydfutter hat namentlich den Vortheil, dass man es, durch Auftragen und Anschmelzen einer neuen Schicht, leicht erneuern und ausbessern kann. Die innere Oberfläche wird ferner, um das Schurren der Masse zu verhindern, dadurch rauh gemacht, dass man Blöcke von Bauxite oder Chromeisenstein, oder selbst von reinem Eisenoxyd (Fe_2O_3) in die geschmolzene Masse wirft, welche dann durch Erstarrung desselben festgehalten werden.

Thonerde . . . . 53·62%

Eisenoxyd . . . . 42·26%

Kieselerde . . . . 4·12%

Andere Bauxitesorten, welche mir vorkamen, ergaben folgende Analysen:

Französischer Bauxite.

Erste Gruppe.

	SiO_2	Al_2O_3	Fe_2O_3	H_2O
	1·7	66·2	19·7	12·7
	4·2	54·2	28·7	13·0
	3·7	58·9	25·7	12·4
	3·2	55·9	28·1	12·2
	3·2	60·4	25·1	11·5
	3·9	56·4	22·1	13·5
	3·2	61·2	23·1	11·3
	5·9	58·8	23·1	11·3
	2·8	60·7	25·3	11·8
Mittel { Roh	3·5	59·2	24·5	12·1
Gebrannt	4·01	67·89	28·09	—

Zweite Gruppe.

	SiO_2	Al_2O_3	Fe_2O_3	H_2O
	2·4	52·5	29·0	15·9
	2·5	41·8	43·7	13·0
	1·7	25·2	53·5	10·05
	2·1	38·7	50·2	11·8
	1·4	38·7	48·5	12·0
	1·1	39·2	49·3	9·4
	1·0	38·7	48·0	12·5
	1·9	41·2	41·7	15·9
Mittel { Roh	1·75	39·5	45·5	12·57
Gebrannt	2·02	45·53	52·45	—

Oesterreichische Bauxite. (Wocheinite aus Krain.)

	Roh	Gebrannt
Al_2O_3	64·24	85·88
Fe_2O_3	2·40	3·20
SiO_2	6·29	8·40
CaO	0·85	1·13
MgO	0·38	0·50
SO_3	0·20	0·26
PO_4	0·46	0·51
H_2O	25·74	—

Irländischer Bauxite.

	Roh	Gebrannt
Al_2O_3	35·0	44·58
SiO_2	3·5	4·45
TiO_2	2·0	2·54
Fe_2O_3	38·0	48·40
H_2O	21·5	—

Fig. 3, 3a, 3b, 3c und 3d zeigen den rotirenden Ofen, wie er jetzt bei Herren Vickers Sons & Co. in Sheffield und in meinem Versuchs-Werke in Birmingham besteht. Der Ofen besteht aus einem System von vier Regeneratoren mit Reversir-Ventilen und Gaserzeugern (letztere sind jedoch in der Zeichnung nicht angegeben). Der rotirende Cylinder ist aus Eisen und ruht auf vier Rollen. Vermittelst eines Zahngetriebes kann die Umdrehung des Ofens entweder langsam, d. h. 4 bis 5 mal, oder schneller, etwa 60 bis 80 mal in der Stunde erfolgen. Der Cylinder ist ungefähr 9 Fuss lang, hat einen Durchmesser von ungefähr 7′ 6″ und enthält ein Bauxitefutter von ungefähr 7 Zoll Dicke.

Auf der Seite der Arbeitsthür befindet sich ein Schlackenhals, durch den die Schlacke in die, unter dem Cylinder befindliche Senkgrube, in auf Rädern ruhende Pfannen abgestochen wird. An den beiden abgestumpften Enden des

Additional material from *Ueber Gewinnung von Eisen und Stahl,*
ISBN 978-3-642-98222-4 (978-3-642-98222-4_OSFO2),
is available at http://extras.springer.com

S. Seite 56.

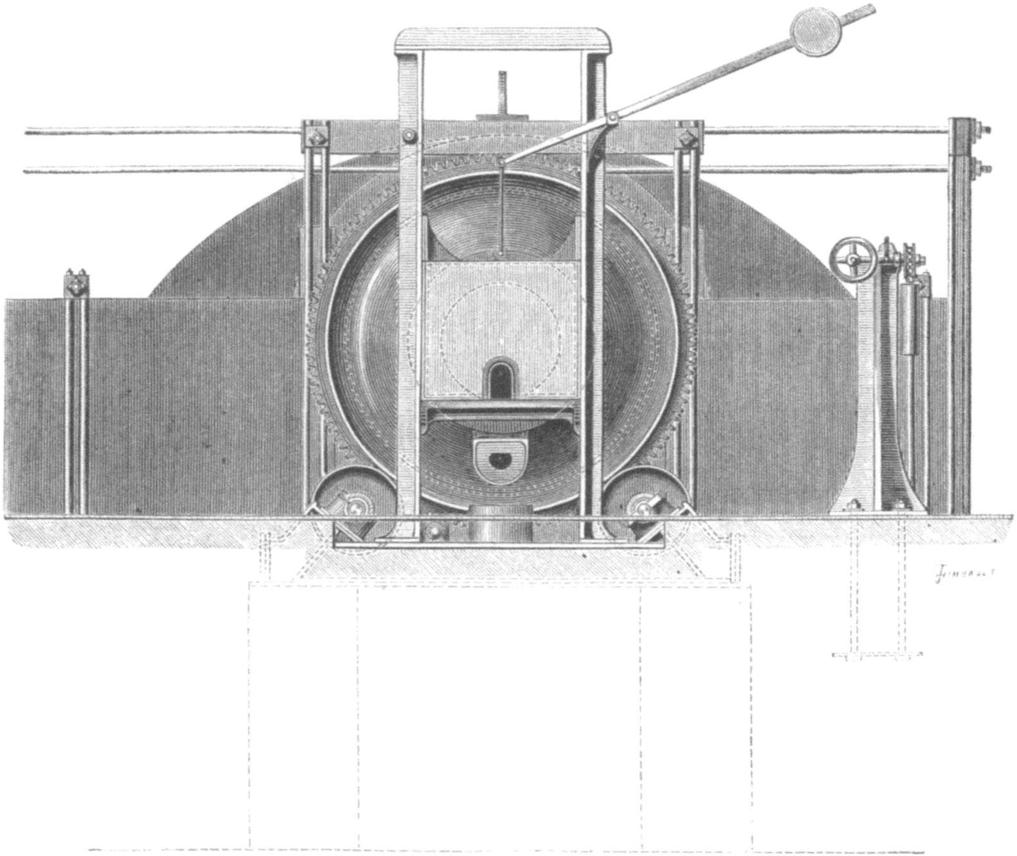

Fig. 3 b. — Vordere Ansicht des rotirenden Ofens.

FIG. 3c. — Querſchnitt durch die Regeneratoren und Luft- und Gas-Einſtrömungen.

rotirenden Cylinders befinden sich weite Oeffnungen, von denen die, an der Seite der Regeneratoren befindliche zur Einströmung der vorgewärmten Luft und Gase, und als Abzug für die Verbrennungsprodukte dient, während die andere, dem Arbeitsraum zugewendete, durch eine Zugthüre gewöhnlicher Art geschlossen ist. Obgleich der Gas-Einströmungscanal nur durch eine verticale Scheidewand von dem Canal getrennt ist, durch welchen die Verbrennungsprodukte abziehen, wird die Kammer doch vollkommen geheizt, und ist

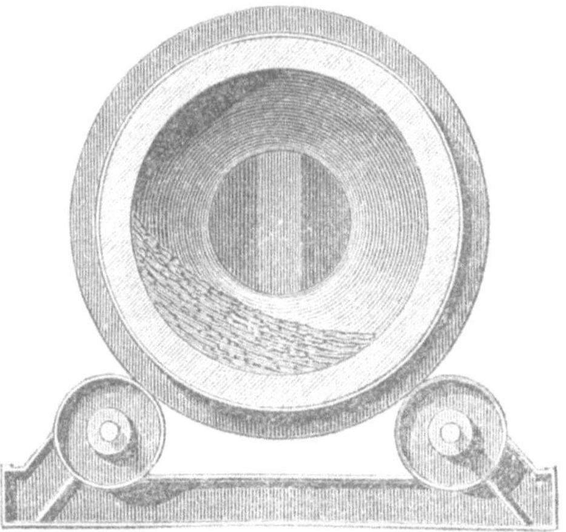

Fig. 3d. Querschnitt durch den Rotator.

es nur nöthig, darauf zu achten, dass die Gase mit einem solchen Druck in den Ofen eintreten, dass sie bis an das Thürende desselben strömen und erst dann abziehen, nachdem sie den Rotator nach beiden Richtungen bestrichen haben.

Das Verfahren wird in diesem Ofen auf folgende Weise durchgeführt:

Das zu schmelzende Erz*) wird so zerkleinert, dass die einzelnen Stücke die Grösse von Erbsen oder Bohnen nicht

---

*) Die Mischungsverhältnisse der Erze bei diesem Verfahren sind derart zu wählen, dass die Gangarten Doppelsilicate nach der Formel:
$$3\,CaO + Al_2O_3 + 4\,SiO_3$$

übersteigen; dann wird Kalk oder andere Flussmittel in solchem Verhältnisse zugesetzt, dass die Gangart des Erzes und die Flussmittel mit einem geringen Theile des Eisenoxyds eine basische und flüssige Schlacke bilden. Falls das zur Anwendung kommende Erz Hämatiteisenstein ist, oder Kiesel enthält, wende ich vorzugsweise Thonerde in Gestalt aluminöser Erze an; auch kann manganhaltiges Erz mit Vortheil angewendet werden. Etwa 20 Centner Erz werden in den vorher geheizten Ofen gebracht, während derselbe langsam rotirt. In ungefähr vierzig Minuten wird diese Mischung von Erzen und Flussmitteln zu heller Rothglühhitze gebracht sein und sodann etwa 5 bis 6 Centner Kohlenklein, in möglichst gleichmässigen, keinenfalls die Grösse einer Nuss übersteigenden Stücken zugesetzt, während gleichzeitig die Umdrehungsgeschwindigkeit des Ofens etwas gesteigert wird, um dadurch ein schnelleres Zusammenmischen des Erzes mit der Kohle zu bewirken. Eine heftige Reaction tritt ein; das zu magnetischem Oxyd reducirte Eisenoxyd beginnt zu schmelzen, und gleichzeitig wird durch die Kohle metallisches Eisen niedergeschlagen, während die Flussmittel mit der kieselhaltigen Gangart des Erzes eine flüssige

---

bilden. Diese Silicate zeichnen sich durch Leichtflüssigkeit bei Schweisshitze aus, und nehmen verhältnissmässig wenig Eisenoxyd in sich auf. Anstatt des Kalks ($3\,CaO$) sind auch andere Oxydulbasen, wie Magnesia (MgO) und Manganoxydul (MnO) zulässig. — Das Wesen des Verfahrens besteht eigentlich darin, dass die Bildung einer leichtflüssigen und neutralen Schlacke gleichzeitig mit der Reduktion des Eisenerzes stattfindet, und dass somit jedes Theilchen metallischen Eisens sofort in flüssige Schlacke gehüllt und somit der oxydirenden Einwirkung der Flamme, sowie dem Einflusse des Schwefels und Phosphor entzogen wird.

Neuere Versuche in meinem Versuchswerke haben ferner ergeben, dass auch ärmere Erze sich mit Vortheil durch dieses Verfahren verarbeiten lassen. Namentlich ergaben Versuche mit Erzen von North Hamptonshire, welche, neben 38·5 % Eisen, 2·4 % Phosphorsäure enthalten. eine so günstige Ausbeute, dass bereits eine grössere Anlage in Angriff genommen ist, um das Verfahren dort zu betreiben. Das aus diesen Erzen hergestellte Eisen enthält nur 0·112 % Phosphor.

Schlacke bilden. Der Ofen rotirt wieder langsam, wodurch die Masse um und umgewendet wird, und dem heissen Ofenfutter und der Flamme fortwährend neue Oberflächen aussetzt.

Während diese Reaction erfolgt, entwickelt sich aus der Mischung von Erz und Kohle Kohlenoxydgas, so dass, um dessen Verbrennung zu bewirken, nur erwärmte Luft durch den Regenerator zugelassen wird, während das in den Generatoren erzeugte Gas, in diesem Stadium des Verfahrens, gänzlich oder beinahe ganz abgesperrt wird. Wenn nun die Reduktion des Eisenerzes fast vollständig erfolgt ist, wird der Rotator angehalten und die flüssige Schlacke abgestochen, sodann der Rotator geschwind gedreht und dadurch die Eisentheilchen schnell zusammengeballt und so zwei bis drei Luppen gebildet, welche auf die gewöhnliche Weise gezängt und weiter verarbeitet werden. Sodann wird die übrige Schlacke abgestochen und der Ofen ist zur Aufnahme einer weiteren Erz-Charge fertig. Die Arbeitszeit einer Charge beträgt selten mehr als zwei Stunden, und da das Ausbringen jeder Charge etwa 10 Centner Eisen beträgt, kann ein Apparat wenigstens 100 Centner Puddelbarren per 24 Stunden produciren. Falls man Anthracit oder harten Coke zur Reduktion der Erze anwendet, müssen diese Stoffe viel feiner zermahlen werden, als wenn gewöhnliche Kohle oder Braunkohle zur Anwendung kommt, da es wichtig ist, dass jedes Theilchen des reducirenden Agens während der chemischen Reaction vollständig aufgebraucht wird. Wo Holz angewendet wird, muss es aus demselben Grunde in noch grösseren Stücken angewendet werden.

Falls man kein Eisen, sondern Gussstahl erzeugen will, bringt man die noch warmen Bälle, ohne vorhergehendes Hämmern oder Zängen, in das Roheisenbad eines Stahlschmelzofens. Man kann jedoch auch in dem Rotator selbst die Herstellung von Gussstahl betreiben. Falls dies geschehen soll, muss man im zweiten Stadium des Verfahrens etwas mehr Kohlenstoff zusetzen, damit die Luppe, falls gezängt, etwa die Beschaffenheit von Puddelstahl besitzt, oder einen Ueberschuss von mechanisch beigemischtem Kohlenstoff enthält. Wenn nun, nachdem die Schlacke abgestochen ist, 10 bis 15% Spiegeleisen zugesetzt werden und die Hitze im Rotator dadurch gesteigert wird, dass mehr Gas und Luft zugelassen werden, wird man bald in dem Ofen ein Bad von geschmolzenem Stahl haben, der in Giesspfannen abgestochen und durch Hammern und Walzen auf gewöhnliche Art weiter verarbeitet wird. Es kann nur durch längere Erfahrung festgestellt werden, welches von diesen beiden Methoden am zweckmässigsten ist; es ist jedoch anzunehmen, dass es für die Herstellung von Gussstahl in grösserem Massstabe vortheilhafter sein wird, die Eisenbälle in einen besonderen Schmelzofen zu übertragen und zwar dürfte es am zweckmässigsten sein, eine bestimmte Anzahl rotirender Oefen für jeden Schmelzofen aufzustellen, derart, dass jede Charge in dem letzteren etwa 5 bis 6 Tonnen Gussstahl beträgt.

Wenn man diese Methode der Eisenproduktion mit dem Hochofen-Verfahren vergleicht, ist es sofort ersichtlich, dass, während die Verbrennungsprodukte des Hochofens hauptsächlich aus Kohlenoxydgas bestehen und bei einer Temperatur den Ofen verlassen, welche 350° Celsius übersteigt, das Resultat der Verbrennung in dem rotirenden Ofen Kohlensäure ist, welche selten mit einer höheren Temperatur als 175° Celsius aus dem Regenerativ-Ofen in den Schornstein abzieht. Dieser Umstand beweist sofort, dass durch das neue Verfahren eine bedeutende Ersparniss an Brennmaterial erzielt wird, eine Ersparniss, welche sich als noch bedeutender erweist, wenn man das im Puddelofen benöthigte Brennmaterial dazu rechnet.

Hier wirft sich von selbst die Frage auf, weshalb es möglich sein sollte, in dem rotirenden Ofen eine vollkommene Verbrennung des Kohlenstoffes zu bewirken, während dieses, wie wohl bekannt, im Hochofen nicht möglich ist, da ein jedes Atom der gebildeten Kohlensäure sofort in zwei Atome Kohlenoxydgas verwandelt wird, indem dasselbe aus dem Coke noch ein Aequivalent Kohlenstoff aufnimmt. Folgendes diene zur Aufklärung über diesen Punkt:

In dem rotirenden Ofen werden im Innern der reagirten Masse Ströme von Kohlenoxydgas erzeugt, welche, wenn sie an die Oberfläche der Masse gelangen, mit dem aus den Regeneratoren kommenden Strome stark erhitzter Luft zusammentreffen und mit letzterer zusammen in dem freien Raume der rotirenden Kammer vollkommen verbrennen. Die so erzeugte Kohlensäure kommt in keine weitere Berührung mit Kohlenstoff oder Metall und kann demzufolge auch keine weitere Umwandlung erleiden, sondern zieht nach dem Schornstein ab, während die entwickelte Hitze von den Seitenwänden der Kammer aufgenommen, und durch Ausstrahlung und direkte Leitung, der Mischung von Erzen, Flussmittenl und Kohle mitgetheilt wird.

Das Verfahren zerfällt deshalb in zwei Theile, nämlich 1) die Desoxydirung des Erzes, und 2) das Schmelzen der damit vermischten erdigen Bestandtheile. Wenn wir z. B. Hämatiteisenstein nehmen, welcher aus Eisenoxyd und 10% Kieselerde besteht, so müssen wir die zur Reduktion desselben nöthige Menge Kohlenstoff von der Formel

$$Fe_2O_3 + 3C$$

ableiten, welche uns

$$2Fe \times 3CO$$

giebt und wird desshalb der Verbrauch an Kohlenstoff (wenn wir das atomische Gewicht desselben als 12 und das des Eisens als 56 annehmen)

$$\frac{3 \times 12}{2 \times 56} = 0 \cdot 32 \text{ Pfund}$$

per Pfund reducirten Eisens betragen.

Die bei dieser Reaktion absorbirte Hitze beträgt, nach Dr. Debus, 892 Einheiten*) per Pfund producirten Eisens, während andrerseits die weitere Verbrennung von $0 \cdot 32$ Pfund Kohlenstoff bei der Verwandlung von Kohlenoxydgas in Kohlensäure (CO in CO_2) durch den aus dem Regenerator in den Rotator einströmenden freien Sauerstoff

$$0 \cdot 32 \times 5600 = 1792 \text{ Wärmeeinheiten}$$

giebt, welche uns

$$1792 - 892 = 900 \text{ Wärmeeinheiten}$$

für das Wärmen der Materialien und Schmelzen der Schlacke belassen.

Die Quantität Materialien, welche behufs Erzeugung eines Pfundes Eisen erhitzt werden müssen, beträgt

Erz . . . . 1·59
Kalk oder andere Flussmittel 0·16
                             ―――――
                              1·75

und wenn wir (nach Hermann Kopp) die specifische Wärme des Fe_2O_3 mit $0 \cdot 154$, und die Temperatur, bis zu welcher die Materialien erhitzt werden müssen, mit 1500^0 Celsius annehmen, so beträgt die für diesen Zweck nöthige Wärme nicht mehr als

$$1 \cdot 75 \times 0 \cdot 154 \times 1500 = 404 \cdot 25 \text{ Einheiten.}$$

Hierzu kommt die beim Schmelzen der Schlacke absorbirte latente Wärme. Die Schlacke beträgt, im Verhältniss zu einem Pfund producirten Eisens, $0 \cdot 16$ Pfund Kieselerde und $0 \cdot 16$ Pfund Kalk $= 0 \cdot 32$ Pfund, und obgleich wir keine be-

――――――――――

*) Dr. A. W. Williamson giebt $885 \cdot 3$ Einheiten als Resultat seiner Berechnungen, und stimmen diese beiden Zahlen für meinen Zweck genügend überein.

stimmten Angaben besitzen, aus denen wir die beim Schmelzen der Schlacke absorbirte Wärme bestimmen könnten, ist es doch kaum annehmbar, dass dieselbe mehr als 150 Einheiten per Pfund, oder $0\cdot32 \times 150 = 48$ Einheiten beträgt, was mit den oben erhaltenen $404\cdot25$, $452\cdot25$ Einheiten giebt, während, wie aus obiger Berechnung hervorgeht, 900 Wärmeeinheiten zu unserer Verfügung stehen. Es würden also, theoretisch gesprochen, $0\cdot32$ Pfund reinen Kohlenstoffs vollständig genügen, um 1 Pfund Puddelbarren aus gewöhnlichem Hämatit-Erz zu erzeugen, wobei jedoch der durch Ausstrahlung und andere Ursachen veranlasste Verlust an Hitze nicht in Betracht gezogen ist.

Bei der Herstellung von Gussstahl, kommen drei verschiedene Operationen in Betracht, nämlich: die Desoxydirung des Eisens, das Schmelzen der Schlacke, und das Zusammenschmelzen des Metalls mit der, zur Herstellung von Stahl von der gewünschten Güte, nöthigen Menge Kohlenstoff und Mangan.

Die zur Durchführung dieser Operationen nöthige Menge Brennstoff muss, theoretisch, die zur Herstellung von Schmiedeeisen durch Schmelzen des erhitzten Metalls übersteigen, welche mit ungefähr 1000 Einheiten, oder

$$\frac{1000}{8000} = 0\cdot125 \text{ Pfund Kohlenstoff per Pfund producirten Stahles}$$

angenommen werden kann und den bei der Reduktion gebrauchten $0\cdot32$ Pfund hinzugefügt werden muss.

Es folgt daraus, dass sich eine Tonne Eisen aus Hämatit-Eisenstein mit einem Aufwande von $6\cdot4$ Centner Kohlenstoff oder etwa 8 Centner gewöhnlicher Kohle, und eine Tonne Gussstahl mit $8\cdot90$ Centner Kohlenstoff oder ungefähr 11 Centner Kohle herstellen lassen müsste, womit ich jedoch nicht gesagt haben will, dass ich glaube, dass wir je dazu gelangen werden, so vortheilhafte Resultate zu erzielen. Ich halte aber dafür, dass wir stets unser Augenmerk auf das durch die Theorie begründete Endresultat richten und, wenngleich bei den uns zur Verfügung stehenden unvollkommenen Mitteln, wir dasselbe nie vollständig erreichen können, wenigstens versuchen sollten, uns demselben soweit als möglich zu nähern.

Wenn wir die durch unvollkommene Verbrennung und Absorbirung verlorengehende Wärme in Betracht ziehen, werden wir finden, dass der Verbrauch an Brennstoff in der Praxis etwa dreimal so gross ist, als dies der Theorie zufolge der Fall sein sollte, oder dass wir zur Herstellung einer Tonne Eisen 25 Centner, zur Herstellung einer Tonne Gussstahl 40 Centner Kohle gebrauchen, was im Vergleich mit anderen Verfahren eine bedeutende Ersparniss ergiebt.

Anhang.

Analysen der in den Tabellen erwähnten Eisenerze.

Somorostro Erz.

Eisenoxyd	78·50	= Fe 55·00 %
Manganoxyd . . .	0·98	= Mn 0·706 %
Kalk	0·38	
Magnesia	0·02	
Kieselerde	8·86	
Abbrand	11·10	
	99·84	

Alleghany Erz.

Eisenoxyd . , . .	78·63	= Fe 54·04 %
Mangan	0·29	
Kalk	0·34	
Latus	79·26	

	Transport	79·26
Magnesia		0·29
Thonerde		2·50
Kieselsäure . . .		7·02
Phosphorsäure . .		0·134
Schwefel		Spur
Wasser		10·71
		99·914

Towcester Erz.

Eisenoxyd	49·50 = Fe 34·32 %
Thonerde	12·50
Kalk	19·50
Manganoxyd . . .	Spur
Magnesia	Spur
Kieselsäure . . .	9·28
Schwefel	—
Phosphor	Spur
Wasser und Kohlen-	
säure	9·22
	100·00

Blackband Erz.

Eisenoxyd	59·37	
Eisenoxydul . . .	19·05	= Fe 50·07 %
Manganoxyd . . .	1·66	
Thonerde	2·69	
Kalk	5·00	
Magnesia	6·13	
Latus	93·90	

Transport	93·90
Kiesel	4·76
Phosphorsäure . .	1·29
Pyriten	0·71
	100·66

Purple Erz. (Rückstände aus Pyriten nach dem Aus-schmelzen des Kupfers und Schwefels.)

Eisenoxyd	87·76 = Fe 61·43 %
Kiesel	8·40
Kalk	0·64
Manganoxyd . . .	Spur
Thonerde	0·71
Magnesia	0·08
Phosphorsäure . .	0·09
Kupferoxyd . . .	0·84
Bleioxyd	0·85
Schwefelsäure . .	0·90
	100·27

Westphälisches Erz No. I.

Eisenoxyd	34·6 = Fe 24·22 %
Manganoxyd . . .	1·3 = Mn 0·905 %
Thonerde	2·2
Kalk	37·9
Magnesia	0·9
Phosphorsäure . .	0·4
Schwefel	Spur
Wasser	1·4
Gangart	20·9
	99·6

Westphälisches Erz No. II.

Eisenoxyd	80·2	= Fe 56·14 %
Manganoxyd . . .	0·6	= Mn 0·41 %
Kalk	Spur	
Magnesia	Spur	
Phosphorsäure . .	0·7	
Wasser	0·6	
Gangart	18·7	
	100·8	

Irländischer Thoneisenstein.

Eisenoxyd	65·714	= Fe 46 %
Kalk	0·200	
Magnesia	0·180	
Kiesel	10·700	
Thonerde	20·450	
Abbrand	2·800	
	100·044	

Manganhaltiges Erz.

Eisenoxyd	48·570	= Fe 34 %
Manganoxyd . . .	25·650	= Mn 17·87 %
Kalk	6·300	
Kiesel	9·560	
Abbrand	9·340	
	99·420	

Rotheisenstein.

Eisenoxyd	81·33	= Fe 56·93 %
Thonerde	4·86	
Manganoxyd . . .	0·05	
Kalk	1·54	
Magnesia	0·31	
Kiesel	10·82	
Kohlensäure . . .	0·59	
Phosphorsäure . .	Spur	
Pyriten	0·13	
Wasser	0·80	
	100·43	

Clayband Erz.

Kiesel	8·89	
Eisenoxyd	68·49 ⎫	= Fe 47·95 %
Eisenoxydul . . .	Spur ⎭	
Manganoxyd . . .	2·98	= Mn 2·07 %
Thonerde	4·75	
Kalk	9·93	
Magnesia	4·08	
Phosphorsäure . .	1·43	
Schwefelsäure . .	0·42	
	100·97	

Cleveland Erz.

Eisenoxyd	39·82 ⎫	= Fe 30·47 %
Eisenoxydoxydul .	3·60 ⎭	
Latus	43·42	

Transport	43·42	
Manganoxyd . . .	0·95	= Mn 0·66 %
Thonerde	7·86	
Kalk	7·44	
Magnesia	3·82	
Kiesel	7·25	
Kohlensäure . . .	22·86	
Phosphorsäure . .	1·87	
Schwefelsäure . .	0·04	
Wasser	2·93	
Abbrand	1·58	
	100·02	

Druck der Franz Krüger'schen Buchdruckerei in Berlin.